文
景

———

Horizon

故宫建筑细探

周 乾

上海人民出版社

前 言

　　参观故宫的人，常常惊叹于其辉煌的外观、严谨的形制、优美的造型、绚丽的色彩、精湛的技艺，然而对于多数人而言，故宫古建筑背后还有很多秘密，这些秘密或反映了古建筑本身丰富而又沧桑的历史，或为中国古代科学技术的运用，或为古代哲学思想的体现。对故宫古建筑进行多角度、科学而又详实的解读，对于传承中国古代工匠的建筑智慧，有着极其重要的意义。

　　《故宫建筑细探》有如下四大亮点：

　　亮点一，细探故宫鲜为人知的秘密。

　　故宫古建筑的背后，有着诸多鲜为人知的"秘密"，如太和、中和、保和三大殿矗立在三层台基之上，凸显高大和威严，然而与明朝初建时相比，今天的三大殿体量要"小"一半，为什么？本书基于详细的史料，回顾了三大殿初建以来历经的五次火灾，诠释了其重建、更名、缩小体量的真实原因；又如故宫古建筑里蕴含的数字"密码"，其造型、纹饰，乃至截面形状均与 $\sqrt{2}$ 密切相关，为什么？再如紫禁城古建筑群木构件表面贴上了真材实料的黄金，为什么？怎么做？本书对此进行了详细的诠释。

亮点二，细探被公众误解的传言。

热爱故宫的公众，会通过自己的方式去认识故宫古建筑，而其中不乏有误解的成分。比如有媒体或文献认为，故宫古建筑之所以"冬暖"，是因为建筑的墙壁都是空心砌成的"夹墙"，俗称"火墙"，可以传递热力。实际上从工程实践来看，目前尚未发现故宫的古建墙体存在"夹墙"，冬季取暖主要以火地为主，本书对其原理进行了翔实的解读；又如故宫东筒子巷被俗称"阴阳道"，有人误解这种俗称与灵异事件相关，本书从科学角度进行了分析，该巷道为南北向，阳光由东向西照射，使得东段和西段的墙体在白天的大部分时间都是一段有阳光，另一段则为阴影；再如关于"故宫屋顶铁链可以防雷"的说法，本书解读了铁链的真实用途。

亮点三，细探关于故宫的故事。

与故宫古建筑有关的故事非常多，如"偷梁换柱"原意含有贬义，但在故宫古建筑领域，则是指用于加固残损木柱的科学方法；再如故宫红墙有着诸多的传说，最为著名的是20世纪90年代的"宫女魅影"，有参观故宫的游客认为，他们在闪电时看到了红墙上的"古代宫女"影像，本书基于科学手段，分析认为这种现象是有可能发生的，其主要原因与红墙的材料、雷电天气、闪电与磁场的相互作用等因素密切相关。

亮点四，细探关于风水文化的知识。

"风水"是中国古建筑文化的重要组成部分，是满足建筑使用者需求的环境设置。本书归纳了故宫古建筑布局包含的风水内容，与读者分享其中蕴含的古代"阴阳和谐""天人合一"的文化内涵。如"三垣"是古人对星空的区域划分方式，包括太微垣、紫微垣和天市垣，而故宫的建筑布局与"三垣"存在密切的对应关系；又如"五行"是古人认为的与宇宙运行密切相关的五种元素，即金、木、水、火、土，而故宫建筑的整体布局也与"五行"相对应；再如故宫布局中的镇物还包括周易八卦内容，本书从建筑功能、建筑设施、建筑色彩等多方面进行了详细讲解。

目前市面上关于故宫古建筑的书籍很多，但还很少有专门针对其"秘密"进行解读的著作，本书不仅发现了诸多故宫古建筑秘密，而且运用了史料检索、现场调查、科学论证等多种手段，客观而又详实地揭示了这些秘密的历史、文化与科学内涵。本书是作者多年工作实践和研究成果的结晶，在知识层面不仅包括中国古代建筑历史、建筑文化、建筑技术和建筑艺术，还涵盖了中国古代力学、化学、材料、风水、哲学等诸多领域的知识，文字深入浅出，图片丰富，是不可多得的中华优秀传统文化读本。

2020 年 11 月 25 日

单霁翔：曾任故宫博物院院长，现为中国文物学会会长、故宫博物院学术委员会主任。

目 录

1 建造与部件

2 生活与休闲

3 布局与风水

4 特别的单体建筑

1

建造与部件

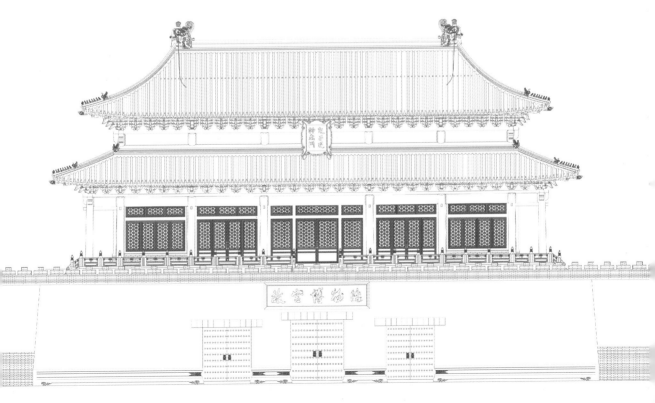

"猛料"

故宫古建筑之所以稳固长久，除了建筑本身良好的构造和古代工匠精湛的施工技艺之外，特殊的建筑材料亦为重要原因。在营建和修缮施工时，工匠都会在建筑中掺入桐油、雄黄、白矾、糯米、麻等"猛料"，以提高建筑的整体稳固性。

雄黄

裱糊为故宫古建筑的一种施工工种，其工艺特点为：在建筑内壁、顶棚用糨糊粘贴纸张、织布。裱糊有利于冬天阻挡寒风从门缝、窗缝、梁架内进入室内，并还可起到装饰作用。而烟草虫、毛衣鱼、白蚁等害虫，它们多以纸张中的纤维素、糨糊中的淀粉等有机物质为生长发育的食料，因而对裱糊面层具有破坏作用。害虫的分泌物、排泄物亦对裱糊层产生污染或腐蚀。

雄黄又称作石黄、黄金石、鸡冠石，为砷的硫化物，不溶于水，具有一定毒性。雄黄与雌黄常常彼此共生在一起。雄黄的化学成分是硫化砷（As_2S_2），外观呈橘红色；雌黄的化学成分是三硫化二砷（As_2S_3），外观呈柠檬黄色。雄黄经过氧化可以变成雌

坤宁宫喜房内裱糊的白色墙壁

紫禁城在明朝时期，建筑内部并无裱糊做法。清朝满族统治者来自白山黑水的东北地区，那里冬天常有寒风侵袭，建筑室内有裱糊做法，因此裱糊做法在清朝被引入紫禁城内。

裱糊"猛料"之雄黄

1 建造与部件 | 3

黄。雄（雌）黄的毒性可用来杀死害虫。明代科学家方以智所撰的《物理小识》提到，在书橱中放入雄黄，可以杀死书中各种害虫。而紫禁城古建筑的裱糊施工中，亦有相似的档案。如清工部内务府活计档（胶片20号）记载，道光十七年（1837）九月，在养心殿窗户、顶棚的裱糊施工中，糊纸所用的糨糊中就掺入了雄黄。

保和殿内的金砖地面

桐油

桐油是一种植物蛋白胶，一般通过冷榨3—4年的桐树籽得来，外观呈浅棕黄色。桐油具有很强的反应活性、干燥性及聚合性。当桐油覆盖在物体表面时，很容易吸收空气中的氧气而产生表面膜，从而使覆盖物得到保护。不仅如此，桐油还是一种有毒的高分子植物，渗入木材内部后，能抑制菌虫生长繁殖，因而可起到防腐作用。桐油包裹在泥灰类黏接材料表面，填充颗粒间的空隙，阻隔了黏接材料与孔隙水之间的相互作用，使得水分更容易散失，因而起到防潮防渗作用。

紫禁城古建筑铺墁金砖地面的过程中，有一道"使灰钻油"的工序，该工序充分发挥了桐油的材料特性。浇筑桐油的金砖地面坚固密实，历经数百年依然光亮如新。

金砖 "金砖"属于土质方砖的一种，产地在苏州城北的陆慕镇余窑村。这个地方的土是来自阳澄湖底的泥，土质细腻、胶状体丰富、可塑性强，用它加工制作的砖颗粒细腻，质地致密坚硬，表面光滑如镜，但是造价昂贵，因而民间称为"金砖"。

"使灰钻油"

在铺墁好的金砖上分3次浇筑桐油：
① 在干透的地面上刷生桐油1—2遍；② 用麻丝搓1—2遍灰油；③ 刷1—2遍光油。
灰油由生桐油、土籽灰、樟丹按100:7:4的重量比混合熬制而成，具有干燥快、防水性强等特点，可起到胶结砖灰的作用；光油由生桐油、苏子油、土籽灰按100:20:3的重量比混合熬制而成，不仅具有较高的强度和韧性、耐水耐磨的性能，而且表面光亮，可用于罩面油。

白矾

白矾别名明矾、矾石、羽涅等，由硫酸铝钾类矿物（如明矾石）加工提炼而成。白矾溶于水后可生成氢氧化铝胶状沉淀物，具有一定的胶凝功能。古代工匠在紫禁城营建过程中巧妙地掺入了白矾，增强了建筑的稳定性和耐久性。

在紫禁城古建筑的石材加固修缮过程中，部分松动的石材采用铁件拉接，一般需要把白矾水灌入石材与铁件之间的缝隙中，当水分挥发后，白矾变成硬质结晶体，可以将铁件固定在石材中。

紫禁城后妃居住的寝宫室内多有裱糊装饰。北方冬天比较寒冷，古代工匠会在室内墙体和天花板位置安装木龙骨，在其表面黏糊防护材料，如锦缎、纱、绢、纸张等，既保暖防尘，又能起到装饰效果。而裱糊所用的糨糊，是把面粉放入水中煮，并掺入白矾、蜡、川椒、白芨等材料混合而成。

中国古代与装裱相关的文献中多载有掺入白矾的做法，如元代《秘书监志》卷六载，宫廷裱糊原料的配方有"白芨、黄蜡、明胶、白矾、藜芦、皂角、茅香各一钱"。现代科学研究表明，适当量的白矾形成胶体

清雍正十二年(1734)由工部刊行的《工程做法》卷五十二规定了在铺墁汉白玉、青白石等石材时，要在石材与基层接缝处浇灌灰浆材料："宽一尺长一丈（石材）用白灰（生石灰）六十斤、江米（糯米）三合、白矾六两。"此处的"合"为体积单位，为一升的十分之一。掺入白矾的灰浆材料不仅使得石材与基层牢固结合，还有很好的防水效果。

慈宁门前台基
紫禁城古建筑的台基、栏板、御路等石作工程多用汉白玉石材，其铺墁所用灰浆多含有白矾。

后，可促进淀粉沉淀，避免裱糊的接缝开裂，还可产生吸水、干燥、防腐、抑菌等效果。

糯米

糯米又称江米，主要成分为淀粉，黏度较高。根据明代科学家宋应星所著《天工开物》之《燔石·第十一》的记载，在砌筑墓地、蓄水池等地下建筑时，用石灰、沙子、黄土按1:2:2的比例混合，再掺入糯米、猕猴桃汁拌匀，即可建造出牢固不坏的建筑。掺入糯米的灰浆具有强度大、韧度高，防渗性、防腐性好等优点。

20世纪末，在故宫古建筑维修工程中，曾发现几处元、明时期遗留下来的旧房基础，做法与《营造法式》中的规定相仿，基础中不仅含有石灰，而且还有白色米粒，见风变硬，表面泛有一层白霜，抗压强度犹如现在的标准砖。尽管没有证据证明白色米粒即为糯米，但至少可以说明稻米类植物的黏性已被古人用来加固地基。近年有研究人员对慈宁花园、长春宫后殿怡情书史、养心殿燕喜堂三处的建筑灰浆进行取样分析，发现其中含有糯米成分，可说明紫禁城建筑工程中使用了糯米材料。

慈宁花园建筑遗址基础分层
研究人员在慈宁花园建筑灰浆中发现糯米成分。

日本学者武田寿一所著的《建筑物隔震防振与控振》中有这么一段关于故宫古建筑地基成分的描述："1975—1978年，在建造设备管道工程时，以紫禁城中心向下约5—6米的地方挖出一种带有气味的物质。研究结果表明是煮过的糯米和石灰的混合物。"这段话可反映故宫古建筑地基中确有糯米成分。

古建专家刘大可所著的《中国古建筑瓦石营法》中，写到古建基础中有灌江米汁（糯米浆）的做法，即把煮好的糯米汁掺上水和白矾以后，泼洒在打好的灰土上。其中江米和白矾的用量为每平方丈（10.24平方米）用江米225克，白矾18.75克。

墙体抹灰

抹灰层将麻揪覆盖，麻揪可增强灰浆与砖基层的拉接。

墙体抹灰前钉麻

每一米见方，钉麻揪一枚，麻线长约0.5米。

麻

麻是由麻类植物中取得的纤维，具有不易拉断、对酸碱不敏感、抗霉菌性能好等优点，在中国古建筑工程中得到了较为广泛的应用：

· 墙体抹灰层中含有麻，可防止抹灰层脱落。

· 屋顶泥背层（石灰、黄土的混合物，覆盖在屋面板上，防止漏雨）中含有麻，有利于石灰与黄土的粘接。

· 油饰彩画的地仗层中也含有麻，可防止地仗层开裂。

◎ 墙体使麻

墙体在抹灰修缮时，往往有使用麻的做法。抹灰前，先将旧灰皮铲除干净，墙面用水淋湿，然后在墙体上钉麻揪。钉麻揪即在墙面上每约1米见方的面积内，钉麻揪一枚，麻线长约0.5米。钉完麻揪后，在墙面做出标记，确

故宫长春宫屋顶灰背层施工中

灰背层　在屋顶最底层的望板层之上、最上层的瓦面层之下，铺有厚度15—35厘米不等的灰浆。灰背层的主要作用是保护望板层，避免瓦顶的雨水渗入到望板层；避免屋顶过高或过低的温度传入屋架内；提供足够的屋顶重量，有利于建筑稳固。

地仗层"使麻"操作步骤

① 在立柱、门窗等木构件表面刷粘麻浆（由猪血、桐油、白面等材料混合而成），为保证麻密实地粘接；② 用手把弹好的麻均匀地粘在浆上，然后用轧子不断地轧蓬松的麻，使浆液渗出麻丝表面，把麻与粘麻浆挤压得牢固；③ 未浸泡透的麻丝要重新蘸粘麻浆，再将其压实；④ 使用轧子尖端将麻局部翻起，挤出多余的浆；⑤ 对窝角、疙瘩、虚漏等处进行找补；⑥ 在麻干固之后，用砂石打磨表面，磨出麻绒，以利于后续麻与灰浆的粘接。右图为工人将麻处理成丝线形状，并敷压在木构件表面

定抹灰的厚度标准，再进行抹灰找平，抹灰层将麻揪覆盖，使之不外露。

◎　屋顶使麻

屋顶用麻的部位主要是灰背层。灰背层的材料一般为生石灰、青灰、麻、水的混合物。其中，麻主要起拉接作用，使灰背的各个组成部分形成稳固的整体。施工时，将灰背层按平均厚度5—8厘米多次压实在屋面即可。

◎　地仗层使麻

在古建筑门窗、立柱、屋檐等木构件表面的油饰彩画地仗层施工中，麻要被多次使用。麻在地仗层中的作用，犹如混凝土中的钢筋一样重要。施工人员在"使麻"前，需要将麻线梳理齐整、去掉杂质、分段裁剪，再用两根竹竿将麻挑起、抖松，使之呈整齐的卷状，如同棉花，这是为了减少麻料的杂质，以保证麻料与灰浆的粘接。在地仗层施工中，"使麻"为中间一道工序，其主要作用是拉接其周边的灰浆，以防止脱落或开裂。

地仗层　地仗层即古建筑油饰彩画的垫层，由包括麻在内的多种材料混合调制而成，覆盖在木构件表面。这种混合材料便于与彩画颜料结合，且不会与颜料层发生任何化学反应。

"偷梁换柱"

　　"偷梁换柱"是一个与古建筑相关的成语，后来该词多指以假代真，用欺骗的手段改变事物的性质。然而，在以故宫为代表的古建筑工程领域，"偷梁换柱"却属于一种科学实用的修缮加固方法。

梁、柱

　　故宫古建筑中，梁是截面形状为长方形的木料，且木料的长度尺寸远大于截面尺寸。梁为水平向放置，两端的底部有支撑构件。梁主要用于承担建筑上部构件及屋顶的全部重量，并把这些重量向下传给支撑构件。

　　柱子即为梁两端的支撑构件。柱子截面形状一般为圆形，长度尺寸远大于截面直径。柱子为竖向放置，主要用于承担上部梁传来的重量，并向下传递给下部的梁或直接传至地面。

　　梁与柱采用榫卯形式连接，形成稳固的大木结构体系。位于屋架内的若干梁在竖向被层层往上"抬"，上下梁之间由短柱支撑，最底部的梁由立于地面的立柱支撑。梁、柱均为中国木结构古建筑的核心受力、传力构件，缺一不可。

"偷梁换柱"的科学原理

　　对于古建筑而言，位于地面之上的立柱，或因长期承受上部结构传来的重量而产生开裂残损，或因柱底部位长期受到地面潮气影响而出现糟朽残损，使得木柱强度下降，无法正常支撑梁。在上述情况下，

　　中国古代兵法三十六计之第二十五计为"偷梁换柱"，古人把军阵中的"天衡"比作梁，"地轴"比作柱，站立在"梁""柱"上的兵力均为主力。在战场上，把对方的主要军力引开，频繁地更换对方军队阵容，即"偷梁换柱"，等对方力量变弱时，再乘机进攻并战胜之。

　　"偷梁换柱"与《史记》卷三之《殷本纪第三》内容密切相关。原文载有，"纣倒曳九牛，抚梁易柱也"，意思就是纣王力大无穷，可以拽着九头牛，手托着梁换柱子。

中国古建筑大木构架横剖面示意图
从传力顺序看，屋顶重量由上层梁传给短柱，然后由短柱传递给下层梁，再由梁往下传递给柱子，依次层层往下传递，最终由底部的立柱传至地面。

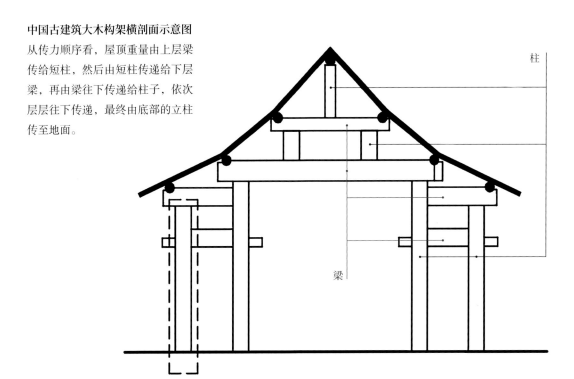

柱

梁

可采用"偷梁换柱"的加固方法。

　　"偷"是"托"的谐音，"偷梁换柱"实际就是"托梁换柱"。其基本做法为：首先将"假柱"（即临时的竖向支撑构件）安装在梁底部、原柱（原有立柱）旁边；再抽去原柱，使得梁传来的重量由"假柱"承担，且"假柱"将该重量向下传给地基；然后安装新柱，新柱的材料、尺寸及安装位置与原有立柱相同；最后将"假柱"移去。

　　古建筑领域中，完善的"偷梁换柱"加固方法具有科学性，可有效地用于残损木柱加固，其原理主要包括以下三个方面：

　　其一，从梁的角度而言，其为水平受力构件，并在两端把外力向下传给立柱。

梁只有保持水平稳定状态，才能保证整个大木结构的稳定。在加固古建筑时，"偷梁"实际为"托梁"，即由原柱、假柱、新柱分别支托梁，整个过程中梁始终受到支托，因而能始终保持水平稳定状态。

柱架——柱与（梁）枋的连接

其二，从柱的角度而言，其为竖向支撑构件，并最终把上部构件的重量传给地基。立柱只有充足的承载力，且与梁有可靠连接时，才能有效承担梁传来的作用力。"换柱"加固过程中，技术人员虽然将原柱抽去，但是预先将"假柱"设立于原柱附近，让"假柱"代替原柱发挥支撑作用，因而"换柱"过程对结构整体的稳定基本无影响。"换柱"完成后，新柱与原柱有着同样的材料、尺寸，且与梁有着相同的可靠连接方式，完全能够代替原柱发挥支撑作用，因而可以将"假柱"移去。

在清代官员平步青（1832－1896）撰写的《霞外攟屑》卷四之《夫移山馆戢闻》部分，有"偷梁换柱"的记载，他说当房屋的某根原柱产生损坏需要更换时，为节省工料，并不会对原柱进行原位替换，而是在原柱旁边设一根新柱，再撤去原柱，这种加固方式俗称"偷梁换柱"。尽管该文献记载的立柱加固措施并不完善（新柱并非原位替换原柱），但可以说明在古代的房屋修缮工程中，有"偷梁换柱"的做法。

糟朽 立柱被砌筑在墙体内，柱子周边潮气长时间排不出去，再加上柱底部与地面接触，地下潮气长期渗入立柱底部，因而造成柱子下部糟朽。

其三，从梁、柱整体结构角度而言，"偷梁换柱"方法对整体结构扰动小，且能达到良好的加固效果：原柱被新柱原位替换，新柱不仅有很好的支撑作用，而且与梁仍有可靠连接；"假柱"仅用于加固过程的临时支撑，且在原柱被撤去后，能够与梁组成临时稳定的结构体系。因此，在"偷梁换柱"过程中，梁、柱结构整体始终处于稳定状态。

工程实例

"偷梁换柱"的加固技术在中国古建筑保护维修中得到了充分运用，其典型工程实例即为故宫太和殿某立柱的加固。2004年工程技术人员在对太和殿进行勘查时，发现有一根立柱的下部出现了糟朽问题，该立柱与梁的连接方式类似于上页示意图的虚线框部分。施工技术人员采取了"偷梁换柱"方法对该立柱进行了加固，具体过程如下：①揭露→②偷梁→③抽柱→④换柱。

① 揭露

使出现问题的立柱"暴露"出来，以利于下一步加固工序的操作。这根立柱位于太和殿西北角，且被砌筑在墙体内。立柱的直径约为1米，由若干木料包镶在一起，再用铁箍约束成一个整体。建筑施工人员揭去表皮砖层后，发现立柱下部1/3的位置出现了严重糟朽，且原有约束立柱的铁箍也产生了严重锈蚀。

② 偷梁

即"托梁",采用假柱托住原柱上部的梁。假柱为完好的木料,被安装在原有立柱附近,用于临时支撑梁。原有立柱支撑了两根梁,因而施工人员采用了两根"假柱"进行支托。这样一来,即使原柱被移去,上部的梁架也不会因此受到明显的影响。其主要的机制在于,梁及其上部构架的重量,已由假柱承担,并通过假柱把该重量向下传至地基。另假柱顶面与梁底接触位置增设了一块面积较大的木板,以把梁的重量均匀地传至木柱顶面。

③ 抽柱

把柱子底部糟朽部分抽去,以便于用新柱代替。原柱糟朽部分去掉后,剩余的部分做成巴掌形:底部伸出柱子直径1/2的截面、柱子直径1.5倍的长度,与新柱搭接。抽柱后,原柱处于架空状态,无法发挥作用,但是这并不影响上部结构的安全。

④ 换柱

用新柱替换原柱的糟朽部分。新柱与被抽去的糟朽部分同材料、同形状、同尺寸,且顶部亦做成巴掌榫形状。这样一来,新柱与原柱的剩余部分搭接后,不仅仅在外观形成一个整体的立柱,而且在竖向形成一定长度的搭接面。随后,施工人员在搭接长度范围内用铁箍箍牢立柱,有利于新柱、原柱之间相互挤紧,协同发挥支撑作用。换柱后,再把"假柱"拆除,即完成了原有立柱的加固。

① 揭露

② 偷梁

④ 换柱

③ 抽柱

贴 金

　　紫禁城已有六百年的历史。虽然历时长久，紫禁城古建筑仍向世人展示着其金碧辉煌的外表。除了黄色的琉璃瓦，木构件表面的金色装饰亦为紫禁城黄金外衣的重要组成部分。琉璃瓦是在普通瓦表面涂了一层黄色釉料，而木构件则是在外表贴上了真材实料的黄金。

交泰殿藻井的浑金做法

把黄金应用于紫禁城古建筑的做法，属于传统的贴金技术，即将成色很高的黄金打造成极薄的金箔片（通常厚度约为0.12微米）。此时的金箔具有很强附着性，利用特定的材料可将其贴在建筑构件的表面，并保持长久不脱落。紫禁城古建筑的贴金技术，多用于油饰部位（如立柱、门窗）和彩画部位（如屋檐、斗拱、檩枋），可分为浑金、片金、平金和点金四种做法。

· 浑金即在古建筑的某个构件上贴满金箔的做法。

· 片金即在古建彩画的某个特定纹饰贴金箔的做法，是紫禁城古建筑彩画中常见的金饰做法。

· 平金即在平面上贴金的做法，常用于斗拱等构件的轮廓贴金。

· 点金即在彩画某些特定的局部位置贴金箔，而其他位置均用颜料来表现。

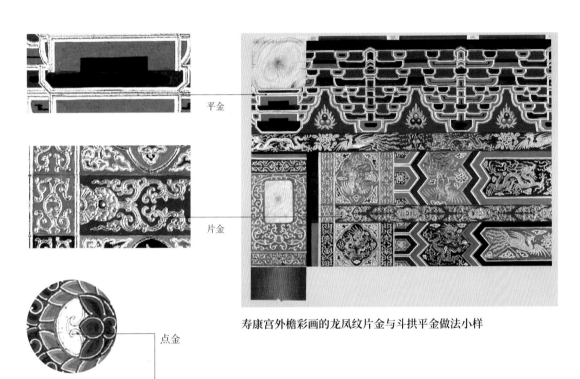

平金

片金

点金

寿康宫外檐彩画的龙凤纹片金与斗拱平金做法小样

养心殿明间脊枋旋子彩画的点金做法小样

金胶油

贴金技术可使金箔牢固地附着在建筑外表，且长久保持光泽，这离不开黏结剂的科学应用。金胶油即为古代贴金的黏结剂。金胶油以特制的具有黏稠度的桐油（以桐树籽为主要原料熬成的油）为主要材料，加入适量的半干性油（如豆油）调制而成。选用金胶油是因为它可以保证金箔的亮度和适宜的贴金时间。金胶油的黏稠度大，油膜饱满，结膜厚，不会流坠，贴金后能保证金箔的亮度。此外，金胶油的干燥时间适当，在一定时间内都能保持良好的黏稠度，使金箔能够牢固地贴在构件表面，加入的半干性油则能够起到延长干燥时间的作用。

明代宋应星所著《天工开物》卷十四载有："凡造金箔，既成薄片后，包入乌金纸，竭力挥捶打成。"金箔是黄金薄片中厚度极其薄者，因而金箔在古代又称为"金薄"。

金箔

作为贴金的主要材料，金箔的加工要求极其苛刻。金箔是用黄金锤成的薄片。金箔的材料要求十分考究，因为黄金本身柔软，强度不足，单纯用黄金难以打出极薄的金箔，必须按照一定的比例加入其他元素，使其合金化，以增加金的强度。由于银与金能完全互溶，且其延展性仅次于金，因此银为最主要的添加元素，其次为铜。紫禁城古建筑所用金箔多为库金，含金量98%，其余2%是银、铜等其他材料。

打造金箔包括将金子熔化成金锭、对金锭进行反复打箔、将金箔包入乌金纸内等工序。值得一提的是，金箔没有成品率，

乌金纸 乌金纸是以朝北而生的竹子为原料，在水中浸泡十多年后打浆、烟熏制成，韧性很强，乌黑发亮，主要用于制作金、银、铝箔时的垫铺。

金箔
紫禁城古建筑贴金所用的金箔薄至0.12微米厚，25张金箔叠起来，才与蝉翼最薄处相同。这种金箔几乎是透明的，能透过蓝绿色的光。将其贴在建筑物上，不仅美丽华贵，而且有特殊的保暖、透光功能。

太和殿的贴金做法

太和殿木构件表面所有的金色装饰全部为黄金打造，纯度可达98％。古老的紫禁城之所以能够绽放出金光闪闪的光芒，无不与黄金的材料特性密切相关，黄金不仅有良好的延展性和可塑性，而且稳定性非常强，氧化速度非常慢，可以长期保持光泽，历经上千年仍然光亮如新。

没成型的金箔全部回炉重打。金箔生产工艺独特，技术要求高，从古至今一直为手工制作。其中打箔最为辛苦，把一块金"疙瘩"打成0.12微米厚的薄片，需要两个人面对面捶打上万次。打出来的金箔，薄如蝉翼，软似绸缎。民间有传说，一两黄金打出的金箔能覆盖一亩三分地，金箔打制技艺之精由此可见一斑，这是中国古代金属冷加工技术高超的体现。

贴金后的紫禁城外表金光闪闪，其中亦包含着科学原理：金箔在光的作用下有很强的反光性，贴到错落有致、起伏有序的纹样上，大大增加了金箔的反光面。这样一来，古建筑的纹饰衬托着贴金的光泽，金箔下饱含纹样，与图案纹理相互辉映，使得纹饰与贴金相得益彰。殿檐掩映下的构件光线暗淡，但由于金箔的反光，向人们展示了金色花纹的存在。同时，在金光的作用下，各种颜色的亮度也不同程度地得到了增强，即使欣赏者距离贴金建筑较远，也能感受其灿烂夺目、金碧辉煌的艺术效果。

中国古建筑的贴金技术较早可见于敦煌石窟的第263窟，该石窟有北魏时期的壁画，其中就饰以金箔。到唐宋时期，出现了堆泥或堆粉贴金的方法，该法在后世的大型宫殿、寺庙中得到大规模运用。至明清时期，贴金在建筑装饰上的应用更为成熟，经过贴金装饰的建筑物也显得更加华丽、庄重和威严。

琉璃瓦

紫禁城最壮观的是金碧辉煌的琉璃瓦顶。除了拥有较高的审美价值、充分彰显皇权的威严，琉璃瓦还有防水、保温和防风化等实用价值。

琉璃瓦与普通陶瓦都是用黏土为主要原料，经过处理、成型、干燥后，再在高温下烧成。但琉璃瓦还需在瓦胎体表面施加釉料，并进行第二次烧制以获得光亮而又粘接牢固的釉面层。

普通陶瓦屋顶
普通陶瓦又称"布瓦"，其质地粗糙，吸水性强。

防水

防水性是琉璃瓦的重要特性，也是琉璃瓦取代普通陶瓦的主要原因。

中国早期建筑的瓦顶一般使用陶瓦，雨雪天气时，瓦片会吸收大量的水。宫殿建筑体量大，瓦的面积大，相应吸水更多，这无疑在雨雪天气大大增加了屋顶的重量，威胁建筑物的安全。于是古人开始寻找替代普通陶瓦的建筑材料，以使大型宫殿建筑的瓦顶不吸水，琉璃瓦因此应运而生。琉璃瓦表面施釉，不会吸水，因而不会增加屋顶的重量，从而保护了建筑的安全。

宋朝文学家何薳在《春渚纪闻》卷九《记砚·铜雀台瓦》中有一段关于琉璃瓦的描述：三国时期，曹操击败袁绍后，修建了铜雀、金虎、冰井三台，铜雀台所用的正是琉璃瓦。该琉璃瓦在烧制过程中，加入了铅丹和胡桃油，有很好的防渗漏功能，雨后能很快干燥。这说明当时对琉璃瓦的使用，正是利用其不渗水、雨后干燥快、不会增加瓦顶重量等优点。

琉璃 琉璃亦作"瑠璃"，是以各种颜色的人造水晶为原料，在高温下烧制而成的工艺品，其色彩流云漓彩，晶莹剔透，光彩夺目。古人也叫它"五色石"。早在西周时期就有琉璃制作技术，而在西汉时期就出现了建筑琉璃制品，并逐渐应用到皇家宫殿和庙宇建筑中，明清时期则已得到全面应用。

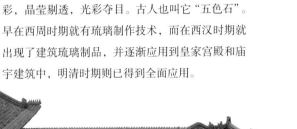

建福宫花园屋顶的绿色琉璃瓦及黄色剪边

琉璃瓦为什么五颜六色？

从化学成分来看，琉璃瓦的主要成分有氧化铅、二氧化硅、氧化铜等。其中，氧化铜是呈色剂，它采用铅丹作助熔剂，主要着色剂是煤、铜、锰、钴等金属氧化物，在氧化气氛中烧成。铁使釉呈黄色，铜使釉呈翠绿色，锰使釉呈紫色，钴使釉呈蓝色，形成了丰富的色彩。紫禁城在明代建造之初，其屋顶就使用了以黄色为主的琉璃瓦。

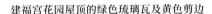

紫禁城琉璃瓦顶

保温

琉璃瓦还有利于建筑保持恒温。紫禁城有多种措施确保建筑冬暖夏凉，琉璃瓦的使用就是其中的主要方式之一。琉璃瓦属于隔热性能好的建筑材料，除了强度大以外，它还具有热阻大、导热系数和导温系数小的特性。导热系数小，则屋外与屋内的热量交换少；导温系数小，则屋外低温不易传至屋内，屋内的温度波动幅度小。琉璃瓦表面有光亮的釉层，具有较好的光泽度，可以反射太阳光线，避免阳光直射瓦面造成的剧烈升温。琉璃瓦的上述特性还可以阻隔冬天的寒气渗入，因而有利于建筑内部保持恒温。

闪闪发光的琉璃瓦
琉璃瓦表面的釉层，既可反射太阳光线，又可阻隔冬天寒气渗入。

什么是瓦的风化？

所谓瓦的风化，即暴露在空气中的瓦件在外部因素作用下，表面逐渐出现开裂状或粉末状的现象。盐分结晶是普通陶瓦破坏的主要原因。雨水降落到普通瓦面后，沿着瓦的孔隙渗入，使瓦中的湿气增加，逐渐充满瓦件内部。由于风吹、光照等因素，普通陶瓦中的湿气会蒸发于大气中，而可溶盐无法蒸发，只能滞留于瓦的表面，并产生膨胀力，使得普通瓦变成碎块或粉末。

不易风化

普通陶瓦容易在空气中风化，而琉璃瓦则不易风化。其主要原因在于瓦的胎体表面有釉面层，相当于提供了一个保护层，阻止了空气中各种成分尤其是水分的侵入。当雨水落到釉面瓦上时，一方面釉面层的封闭性使得空气中的水分无法渗入胎体；另一方面，琉璃瓦表面光滑，且在屋顶上有着明显的排水坡度，因而水流能够顺着瓦面迅速排向地面，因而避免了风化的发生。

少落鸟的秘密

紫禁城的琉璃瓦顶通常是明亮而又洁净的，在紫禁城的屋顶上，很少看见有鸟粪。因为琉璃瓦表面比较光滑，而鸟类的站立主要靠爪子和接触面之间的摩擦力来实现，在光滑的瓦顶上则很难坚持较长时间，很快就会飞走，因而很少会在瓦面上

宫殿屋顶上的飞鸟

洁净的琉璃瓦面

排泄。琉璃瓦有着明亮的光泽，尤其在太阳下会闪闪发光，而鸟类害怕连续反光的物体，因而很少落在琉璃瓦顶上歇息。紫禁城的琉璃瓦多为鲜艳的黄色，而大面积的鲜艳色彩对鸟类而言会产生较强的刺激效果，使得鸟儿避而远之。即使偶尔有鸟粪落在瓦顶，由于紫禁城的屋顶坡度明显，而琉璃瓦本身不吸水，雨水降落到瓦顶上时，能够沿着瓦当迅速排向地面，因而紫禁城屋顶的琉璃瓦面通常是非常洁净的。对于帝王执政、生活的场所而言，这也在某种程度上节约了清理瓦面所需的劳力，进而有利于保护皇帝的隐私和安全。

红墙倩影

"红墙黄瓦"是公众对故宫古建筑群的通俗称谓。其中,"红墙"是指故宫内的宫墙,其外表多饰以红色,有着独特的视觉效果。大面积的红墙是故宫最显著的标识。

红墙的成分

故宫红墙的选材与施工也具有科学性。从构造角度讲,故宫宫墙主要由砖墙芯、底层灰(浆)、罩面灰(浆)组成。我们看到的"中国红"就属于罩面灰。雍正朝《大清会典二》卷之九十五载有"殿门墙外用红土,内用石灰",说明红墙的底层灰以石灰为主要成分,罩面灰以红土为主要成分。清工部《工程做法》卷五十三对红墙罩面灰的材料组成有了更为明确的规定:"提刷红浆,每折见方一丈用头号红土十觔,江米四合,白矾捌俩。"其中,"头号红土"为颗粒较细、颜色较深的红土,"觔"通"斤","江米"即糯米,"合"为容积单位,1合等于0.1升。上述三种材料的实际工程配比一般为头号红土、江米、白矾按100:7.5:

紫禁城的红墙黄瓦

故宫红墙为什么如此瞩目？

在可见光谱中，红色波长最长，这就意味着它的衍射能力最强，即使在能见度较低的环境条件下，也能被注意到。红色波长的特征还使得这种色彩在视网膜上聚焦时，可产生比其他颜色的同尺寸物体要大的视觉效果，而且人体视网膜中对于红色敏感的锥形感光细胞数量很多，因而红色成为人很容易辨认的颜色。

5的重量比例混合，兑水后抹在宫墙上，作为宫墙的面层。

故宫红墙的红土主要成分为Fe_2O_3（氧化铁），这种材料有很强的着色功能，在大气和日光中较稳定，有较好的耐腐蚀、耐高温性能。为了使"中国红"较为稳固地附在宫墙面层，聪明的古代工匠掺入了江米和白矾。江米主要成分为淀粉，它能形成吸引力很大的空间网格，对石灰底层的大小和形貌有较好的调控作用，有利于结晶体的致密，因而有利于红土黏结在底层灰上。

故宫红墙

江米、白矾等材料与头号红土的巧妙运用，使得故宫红墙呈现出"中国红"的美丽色彩，并且可保持数年之久而不掉落。

白矾与石灰混合后，形成钙矾石，其固相体积膨胀对灰浆的干燥收缩起了一定补偿作用，因而有利于提高灰浆的抗压强度、耐水性能和耐冻融性能。

"宫女魅影"

故宫红墙有着诸多传说，典型故事之一即为20世纪90年代的"宫女魅影"。有参观故宫的游客说他们在闪电下看到了红墙上的"古代宫女"影像。从材料学角度而言，Fe_2O_3 以 $\alpha\text{-}Fe_2O_3$、$\gamma\text{-}Fe_2O_3$ 两种形式存在。故宫红墙罩面灰的主要成分属于 $\alpha\text{-}Fe_2O_3$，其性质稳定。然而，在雷雨天时，闪电会产生少量的氢气，$\alpha\text{-}Fe_2O_3$ 与氢气可产生还原反应，生成 Fe_3O_4（四氧化三铁）。Fe_3O_4 在高温下与氧气产生氧化反应，可生成 $\gamma\text{-}Fe_2O_3$。$\gamma\text{-}Fe_2O_3$ 具有磁记录的功能，是制作磁带的重要材料之一。

上百年后，在红墙罩面灰仍保存完好的前提下，游客在雷雨天参观时，闪电与磁场再次相互作用，使得"记录"在红墙上的"宫女魅影"再现。该过程类似于磁带的磁信号在电磁场作用下，还原影像或声音。所以，"宫女魅影"出现在红墙上并非毫无科学依据，是有可能发生的。

需要说明的是，故宫红墙的抹灰层（底层灰、罩面灰）的根本用途，是为了保护砖墙芯免受风化。而抹灰层与墙芯的粘接强度有限，往往几年或数年内，就会脱落，需要工匠重新对墙芯进行抹灰。因此，墙体抹灰是紫禁城古建筑的日常维护保养的重要内容，六百余年来少有间断。而游客所看到的"宫女魅影"，其所在的红墙能历经上百年保存完好而无须重新抹灰，这种情况也是极为罕见的。

1992年的一个雷雨天，有游客认为看到了故宫红墙上出现的四个宫女的影像，关于这个奇异的现象至今仍然流传着各种各样的传说。

防火墙

故宫拥有数量庞大的木结构宫殿建筑群，由于木材具有易燃性，因而故宫在历史上多次遭受火灾。紫禁城里的历代帝王高度重视防火，并采取了多种措施。防火墙是其中一种，利用黏土砖的不可燃性，砌筑成厚厚的墙体，以阻断火势蔓延。故宫内现存多种形式的防火墙，如卡墙、隔断墙、围墙、封后檐墙、硬山山墙等。

卡墙

太和殿东西两侧的防火卡墙为故宫防火隔断墙的典型。太和殿自明永乐十八年（1420）建成以来，多次遭受火灾。我们今天看到的太和殿，是清康熙三十六年（1697）第五次复建后的建筑形制。

康熙三十四年（1695），太和殿复建工程启动。工程负责人梁九认为太和殿在历史上的多次火灾均由建筑两侧的木质斜廊引燃，因而向康熙皇帝建议，把木质的斜廊改为砖砌的卡墙。该建议得到了康熙的批准。太和殿两侧的防火墙，有利于阻隔建筑两侧的火源东西向蔓延，对太和殿的防火起到了重要的作用。

经刘敦桢先生考证，以及康熙十八年（1679）的《皇城宫殿衙署图》显示，在第五次复建以前，太和殿两侧为木质斜廊。据《康熙起居注》卷七记载，康熙十八年十二月初三凌晨，太和殿发生火灾。火灾因故宫西北位置的御膳房太监用火不善而诱发。火势顺着西北风向南窜，跨过了乾清门广场，依次穿过后右门、中右门，然后又因西风而拐了个弯，沿着太和殿西侧的木质斜廊而蔓延至太和殿，并烧毁太和殿及其东侧的木质斜廊。

隔断墙

故宫防火隔断墙的另一种典型形式，是用于长廊式建筑的隔断墙。如保和殿东侧的庑房，位于东崇楼到左翼门之间，总长度约为150米，纵向包含房屋30间。每座防火隔断墙亦对廊子进行了分割，并做成了券洞形式，集实用功能与艺术装饰于一体。另各隔断墙之间的屋架没有任何连接，可避免火源从屋顶蔓延。防火隔断墙的布置，可避免火灾发生时出现"火烧连营"的局面。

围院

故宫内有很多独立的院落，各院落在布局时，彼此之间有较高的围墙分割，起到了防火墙的功能，且围墙之间的间距较宽，有利于阻止建筑物之间的火势蔓延。这种院落布局的形式是基于火灾教训而形成的。紫禁城初建完工时，建筑数量多，彼此间距密集，其中一座建筑失火后，往往殃及周边的多座建筑。嘉靖皇帝执政时，已经注意到了这个问题。据《大明世宗肃皇帝实录》卷一百二十一记载，嘉靖十年（1531）正月二十六日，紫禁城的东宫（皇子、皇孙生活的场所）发生火灾，有十四间相连的房被烧毁。火灾后，嘉靖帝召见

保和殿西庑防火隔断
为避免任一间房失火而蔓延至其他建筑，每隔5间房设置一座隔断墙，每座隔断墙厚度约为1.5米，共包含防火隔断墙7座。

大学士张璁并进行了训诫：紫禁城内道路狭窄而宫殿数量众多，这些宫殿彼此又相互连接，很容易出现"火烧连营"的情况。他要求立即整改宫中建筑布局，扩宽道路，加大各宫殿之间的间距，避免火灾蔓延的隐患。这种整改方式，形成了今天紫禁城各个院落的布局形式，其防火优势在于：若某个院落的建筑失火时，由于院墙有合适的阻隔高度及距离，因而火源不会窜入另一个院落，且院墙之间较宽的空间也有利于消防人员和车辆通行。

东筒子巷防火院墙

故宫里的东筒子巷可谓院墙防火墙的代表，有两端高约8米、厚约2米的院墙，院墙的间距达5.7米。

阴阳道

东筒子巷因俗称"阴阳道"而闻名，有人误解这种俗称与灵异事件相关，实际上从科学角度分析，其原因在于该防火夹道为南北向，阳光由东向西照射，使得东段和西段的墙体在白天的大部分时间都是一段有阳光，另一段则为阴影。

封后檐墙

封后檐墙又名封护檐墙或风火檐墙，是故宫内防火墙的主要形式之一。封后檐墙的做法始于雍正五年（1727）。乾隆年间大学士鄂尔泰等人所撰《国朝宫史》卷三记载，雍正五年十一月二十三日，雍正颁布诏令，说"宫中火烛最要小心"。他认为日精门、月华门以南的围房有做饭的值房，火星常常会窜到房檐上，很容易发生火灾，并危及其他建筑，因而下旨"将围房后檐改为风火檐，即十二宫中大房有相近做饭小房之处，看其应改风火檐者，亦行更改"。"围房"一般指兵丁、太监的值守用房，其等级较低，建筑特点是屋顶只有前后两个坡。所以，故宫内封后檐墙的做法是由雍正首先提出来的，其主要目的是屋内发生火患时，防止火势诱燃屋檐的木质

不露出檩椽的封后檐墙
建筑的后檐墙不开设门窗，且屋檐位置的檩枋、椽子等木质构件均用砖墙封砌，不露在外面。

构件并窜入相邻的建筑，这个做法仅用于等级较低的建筑。封后檐墙在故宫内应用后，逐渐在全国盛行，成为清代建筑的一种工艺做法。

露出檩椽的封后檐墙

硬山山墙

硬山山墙封护建筑两端的木构架，
此做法出现于明代。

1977 年出土于安徽歙县的石碑，其上刻
有《徽郡太守何君德政碑记》，碑文记
载了明代弘治年间徽州知府何歆的治火
功绩，其中包括建造大
量的马头墙，以避免密
集的民居发生火灾蔓延。
这是徽州马头墙用于防
火的较早史料。

徽州马头墙

硬山山墙

　　故宫内硬山山墙也具有防火功能。这
种建筑的特点是建筑只有前后两个坡，且
建筑山墙（即两侧的外墙）从地面一直砌
筑到瓦顶，将建筑内部的木构架封护起来。
硬山山墙与封后檐墙均为封护木构架的防
火方法，主要区别在于：前者出现在明代，
用于封护建筑两侧端的木构架；后者出现
在清代，用于封护建筑后檐的木构架。硬
山山墙的建筑做法与徽州的马头墙有类似
之处。马头墙的特点是山墙高出屋面，其
形状类似马头。当相邻建筑发生火灾时，
马头墙可阻断火源。

三大殿缩小

　　故宫建筑群的核心是位于南部区域的三大殿：太和殿、中和殿、保和殿，它们曾经是皇帝举行国家活动的重要场所。公众去故宫参观，可以看到三大殿矗立在三层台基之上，高大而威严。然而与明朝初建时相比，今天的三大殿体量要小得多，其根本原因在于防火。

三大殿火灾时间轴

明永乐十九年（1421）四月，奉天殿因雷击失火，且很快蔓延到华盖殿、谨身殿，结果三殿均被毁。明正统六年（1441）九月，三大殿复建完工，各建筑体量、建筑间距基本与初建时期相同。

明嘉靖三十六年（1557）四月，三大殿又因雷击失火而被毁。有细心的大臣发现：三殿同时被毁，除了因为建筑材料为容易着火的木材外，各殿之间的间距过密也是主要原因，因而建议缩小三大殿的建筑尺寸，增大三大殿之间的间距。但这条提议遭到了大学士严嵩的极力反对。据《大明实录》卷四百四十七记载，严嵩认为建筑地基

施工难度大、费用多，若三大殿地基发生变化，会导致地基上部的建筑整体大幅度改动，不仅费人力、财力，而且短时间内很难完成施工。因此，缩小三大殿尺寸的提议没有得到实施。嘉靖四十一年（1562）九月，三大殿重建完成，嘉靖帝将奉天殿更名为皇极殿，华盖殿更名为中极殿，谨身殿更名为建极殿，以试图消除"晦气"。

保和殿

明永乐十八年（1420）十一月紫禁城初建完工时，三大殿被称为奉天殿、华盖殿、谨身殿。三殿体量硕大，彼此间距仅为10米左右。据《大明实录》卷四百四十七记载，奉天殿初建完工时长约95米（三十丈，一丈约为3.17米），宽约47.5米（十五丈），建筑面积约为现存太和殿建筑面积的2倍。在此后的二百余年里，三大殿因过大的体量与过小的间距，在火灾中多次互相殃及。

明天启七年（1627）八月三大殿复建完工后，基本形成我们今天看到的体量和间距：三大殿的建筑面积缩小为明朝初建时期的二分之一左右，各宫殿高度相应降低。缩小后的皇极殿与中极殿、中极殿与建极殿间距均增加至30米左右，是初建时期的3倍。

明万历二十五年（1597）六月，三大殿再次因雷击失火。火灾之后，又有大臣提出减小三大殿尺寸，缩小各宫殿之间的间距，以免再次出现三大殿均被毁的局面。该建议得到了天启皇帝的批准。他下令将三大殿尺寸减小，且皇极殿向南移动，建极殿向北移动。

明崇祯十七年（1644）年四月李自成放火，但建极殿得以幸存。

清康熙十八年（1679）十二月，三大殿再次遭受火灾。六名烧火的太监在御膳房用火不慎，诱发火灾，火蔓延并烧毁了太和殿，但中和殿、保和殿受损较小。

中和殿

太和殿

三大殿侧立面

保和殿

清顺治二年（1645），顺治帝将皇极殿更名为太和殿，中极殿更名为中和殿，建极殿更名为保和殿。清康熙三十六年（1697）太和殿复建完成。此后三大殿一直保存完好，直至今天。由上可知，三大殿体量减小、间距增大后，解决了火灾时"均被毁"的问题。

从科学角度而言，相邻的两个建筑是否发生火势蔓延，与它们的间距密切相关。间距越小，则其中之一失火时产生的热辐射强度越大，在风力作用下会加剧火势，飞火越容易蔓延，使得另一建筑受热并产生火灾的可能性更大。故宫前朝三大殿均为木结构古建筑，其主体受力材料及装饰材料均为木

材，几乎可认为是木材材料的组合体。根据我国《建筑设计防火规范》规定，堆积木材（木质建筑）的最小防火间距不得少于20米。防火间距是指相邻的两座建筑的任一座建筑失火时，另一座建筑在未采取任何保护措施的情况下也不会起火的距离。明永乐至万历年间，三大殿的三次火灾导致三殿均受牵连，这无疑与各宫殿之间的间距过小密切相关。而三大殿在第三次复建后，间距增大，达到了防火间距的要求，从而避免了火灾发生时彼此牵连的问题。故宫古建筑高度与宽度的比例要相互协调，所以三大殿建筑平面尺寸缩小的同时，其高度也要降低，建筑的整体体量减小，这无疑对防火是有利的。三大殿是由木柱、木额枋通过榫卯连接形成的木结构框架。在建筑材料本身为易燃物的前提下，若建筑体量大，则框架内部空间开阔，通风好，建筑失火的可能性就大。

太和殿

中和殿

$\sqrt{2}$ 的建筑密码

故宫古建筑包含着诸多古代建筑智慧，其典型表现形式之一，就是其中蕴含的"数字密码"：故宫古建筑的造型、纹饰，乃至截面形状均与$\sqrt{2}$密切相关。

1

造型

故宫古建筑的立面造型多与$\sqrt{2}$相关。太和殿的立面在长度方向的尺寸比例由三部分组成：中间是以建筑高度为直径的圆外切正方形，两侧对称布置以屋顶高度为直径的外切长方形，以$\sqrt{2}$为媒介，方圆形状被巧妙地融合在建筑立面中，形成太和殿的建筑之美。

· 太和殿建筑高度为26.1米（即图中a），而其屋顶部分的高度为18.54米（即图中b），二者之比（即a：b）约为$\sqrt{2}$。

· 以太和殿屋顶高度为直径，绘制一个圆形，则$\sqrt{2}$是圆外切长方形的长边（即图中a）与短边（即图中b）之比。$\sqrt{2}$既非两个正方形拼合后的长宽比，也非一个孤立正方形的长宽比，因而可产生舒适的视觉效果。

· 太和殿屋顶部分（即图中b）与屋檐下部分（即图中c）的立面尺寸采用$\sqrt{2}$的比例，有利于突出屋顶高大厚重的美学效果。

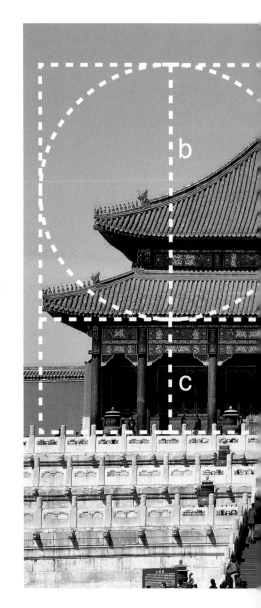

$\sqrt{2}$在太和殿立面的运用

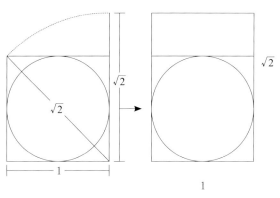

1

√2 与方圆之间的关系

√2 为无理数，其代数解的近似值为 1.414。从几何角度讲，√2 可反映圆形和其外切方形的关系。当圆外切正方形时，该值表示正方形对角线与边长的比值。而当正方形对角线旋转 45 度，并成为圆的外切长方形的长边时，该值表示长方形长边与短边的比值。

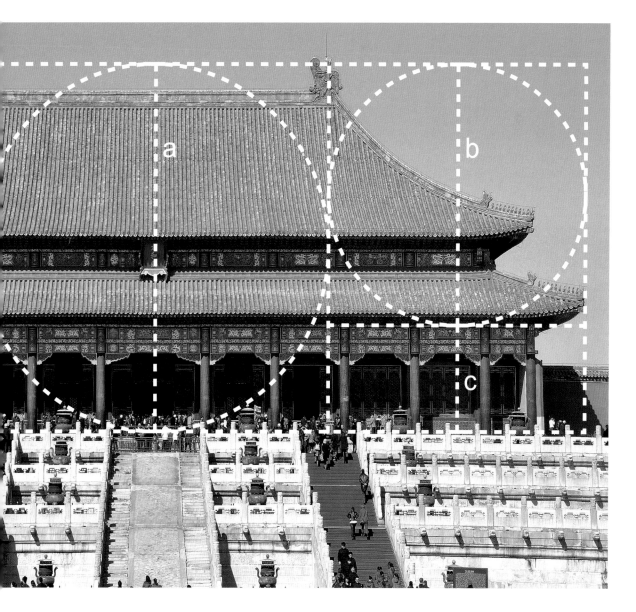

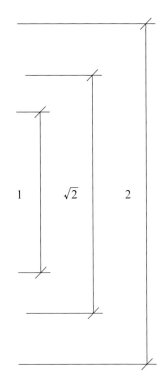

交泰殿藻井中的 $\sqrt{2}$ 比例

纹饰

故宫古建筑的纹饰之美也与 $\sqrt{2}$ 密切相关。藻井位于建筑内部顶棚正中，从下往上分为三层：最下面一层为正方形；第二层由正方形内收为八角形，第三层由八角形内收为圆形。其中，正方形在内收为八边形时，通过多条45度斜线进行分割，形成若干均匀、独立而又对称布置的等腰直角三角形或菱形，形成优美的纹饰。正方形边长与八角形边径（内切圆直径）之比为 $\sqrt{2}$: 1。八边形内收成圆形后，其边径与圆形的直径之比亦为 $\sqrt{2}$: 1。

然而古代工匠在获得木构件尺寸时，限于当时的标尺、刻度条件，很难计算并迭代出与 $\sqrt{2}$ 密切相关的无理数。聪明的工匠将 $\sqrt{2}$ 以"方五斜七"（正方形的直边长为5，则对角线长为7）的口诀转化而成，获得所需的构件尺寸。这种以方斜比来代替

八角形与方形的关系，实际上还是古代工匠对方圆的理解。两千年前的中国古代数学著作《周髀算经》卷上载有"圆出于方，方出于矩……矩出于九九八十一"，即圆属于无穷多边形，而多边形由方形转折形成。

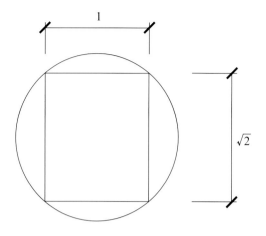

原木截面切割方形的最优比例

长方形的长与宽之比为$\sqrt{2}$∶1时，长方形的截面抵抗距最大，同时原木截面也能够最充分的被利用。

无理数的做法优点在于将复杂的几何计算转化为简单的代数计算，且代数计算建立在取近似值的基础之上，以达到精简与准确间的平衡。这样不仅有利于工匠较为准确地制作出精美的藻井纹饰，而且降低了施工的难度。

截面形状

　　$\sqrt{2}$还与故宫古建筑单体的截面形状关系密切。故宫古建筑优美的整体造型离不开柱、梁、枋等单体构件。其中，柱为竖向构件，承受压力，截面为圆形，可由原木刨削加工制成；梁、枋为水平向构件，承受弯曲力，截面为长方形，需要对原木截面进行切割才能制成。那么，如何对原木的圆形截面进行切割，使得切割后的长方形截面既美观，又能充分利用原有截面？截面抵抗矩是评价水平构件弯曲受力性能的重要指标，其值越大，代表构件的抗弯曲能力越强，它与截面长度的平方、截面宽度成正比。在圆直径不变的条件下，其内接长方形的长度越大，则宽度越小。当长与宽的比例为$\sqrt{2}$∶1时，长方形的截面抵抗矩最大，同时原木截面也能够最充分地被利用。故宫古建筑的梁、枋构件多采用与$\sqrt{2}$接近的截面长宽比，既美观，又增加了截面抵抗矩，还能充分利用原木。

　　因此，$\sqrt{2}$是故宫古建筑艺术、建筑科学、建筑文化，以及工匠卓越的建筑智慧的综合体现。

排 水

　　紫禁城有着精密完善的排水系统，从六百年前建成至今从未在雨季遭受过水患。故宫的排水系统包括屋顶、地上和地下三个部分。所谓屋顶排水，即雨水降落到屋顶后，从屋顶排至地面；地上排水，即地表雨水流入明沟后再流入暗沟或内金水河；地下排水，即暗沟的水排入内金水河。

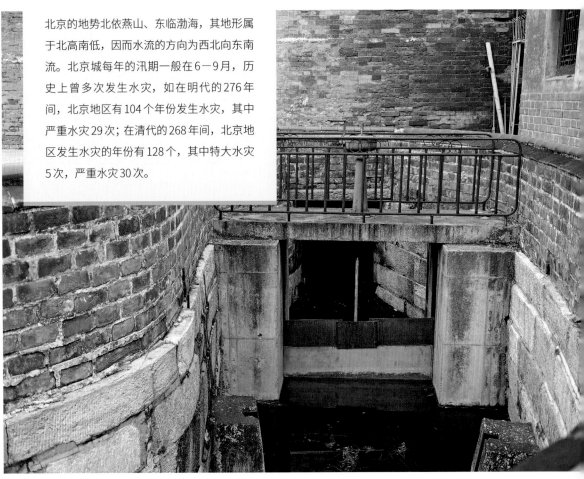

北京的地势北依燕山、东临渤海，其地形属于北高南低，因而水流的方向为西北向东南流。北京城每年的汛期一般在6－9月，历史上曾多次发生水灾，如在明代的276年间，北京地区有104个年份发生水灾，其中严重水灾29次；在清代的268年间，北京地区发生水灾的年份有128个，其中特大水灾5次，严重水灾30次。

内金水河入口

故宫地面顺应北京地区地理环境而建，整体亦呈北高南低、中间高两边低的走向。其中故宫北门神武门地平标高约为46.05米，南门午门地平标高约为44.28米，竖向地平高差约2米，排水坡度约为千分之二。这种排水坡度为自然排水创造了有利条件，使雨水能顺利从故宫排出，排水方向亦为西北向东南。

故宫的内金水河源于北京西部的玉泉山，从故宫的西北角流入，从东南角流出。

故宫的屋顶，地上、地下排水系统纵横交叉，巧妙地通向各个宫殿及院落，它们将雨水由中轴线排向东西两侧，再统一由北向南排向内金水河，并及时排出故宫，经筒子河流入通惠河。

"金"在古代环境地理学中指的是西方，"内金水河"即指从西方流入故宫的河水。

内金水河出口

屋顶排水

为达到良好的排水效果，并避免建筑屋檐下部的木构件遭受雨淋，故宫古建筑屋顶的坡面非平面，而是从坡顶到坡底呈现出一种由陡峭变缓和的曲面形式。这使得雨水降落到屋顶后，能够迅速往下排，且雨水流到坡底位置时，又能够向前方排出，即"上尊而宇卑，则吐水疾而霤远"（《周礼·考工记》），使屋顶和屋檐下的立柱、门窗都受到了防水保护。

屋顶瓦件的设计与安装亦有一定的科学性。屋脊与屋顶相交的位置称为"正当沟"，为防止该位置渗水，古代工匠采用立瓦封住"正当沟"，并用"压当条"盖住"正当沟"的顶部。"压当条"往前伸出一定尺寸，犹如一个小出檐。为了使屋顶雨水有序往下排，瓦面做成一道道小沟状，称为"瓦垄"。瓦垄由板瓦与筒瓦（竹筒状的瓦）组成，板瓦为底瓦，筒瓦为盖瓦。筒瓦扣在两个相邻的板瓦上，上下筒瓦之间一节一节搭扣，上下板瓦之间一块块扣压（上瓦压下瓦），各个瓦件之间用灰泥抹实，以上做法既有利于排水，也防止了瓦面的雨水渗入基层。瓦顶的最下端即屋檐上的第一块瓦，板瓦前伸做成三角尖状，称为"滴子"，其主要目的是让瓦垄的雨水汇集成一条直线下落；筒瓦端部做成大圆饼状，称为"猫头"，充分扣压在"滴子"端部，防止雨水渗入屋檐内。

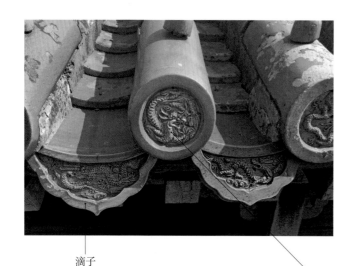

滴子

猫头

屋檐排水瓦
"滴子"使瓦垄的雨水汇集成一条直线下落，
"猫头"可防止雨水渗入屋檐内。

故宫的曲面屋顶　屋顶曲面可使雨水迅速下排，当雨水流至坡底时，可向前排出。

压当条

正当沟

屋脊排水瓦

"正当沟"是位于屋顶正脊（前后坡交线即为正脊）最下方的瓦件，有利于正脊的雨水排向瓦面，还可以装饰瓦顶。为防止正当沟渗水，要用"压当条"盖住"正当沟"顶部。

排水兽

泄水口

三台排水兽和泄水口

台基排水

◎ 三台排水

故宫古建筑一般坐落在高高的台基之上，这样不仅有利于建筑本身的稳定，彰显宫殿建筑的高大与威严，还有利于建筑防潮。作为皇权的象征，故宫前朝三大殿（太和殿、中和殿、保和殿）的台基做法为中国古建筑台基工艺的最高等级，采用三层须弥座叠加而成，被称为"三台"，总高度达8.13米。三台的周圈为石质须弥座，上表皮为地砖，核心部分则为分层夯实的灰土。为避免其在雨季因存水、渗水导致下沉，故宫三台排水极其重要。由于所处位置的特殊性及建筑做法的高等级性，三台排水极其引人瞩目，可作为故宫古建筑台基排水方法的代表。

前朝三台由三层须弥座台基叠加而成，每层台基的地面都有着3%—5%的坡度，使得上层台基的水直排向下层台基。每层台基的边界都有栏板。每块栏板端部都有望柱（短柱），栏板底部正中有直径为0.1米的近似半圆形的泄水口，而望柱底部则伸出类似龙头的石质构件。这个石质的"龙头"被称为排水兽，其形象为"龙生九子"传说中的老六"蚣蝮"。排水兽探

排水兽排水

三大殿的三台一共有1142个排水兽，
在雨季每个兽头都能够发挥排水作用，
具有"千龙吐水"的视觉效果。

出栏板底部外侧约0.8米，与望柱同宽、与底部须弥座的上枋层同高，截面大小为0.28米×0.28米。兽嘴有直径约为0.03米的圆孔，其贯穿排水兽，与栏板里侧的地面相通。这种设计不仅与台基整体体量相协调，而且有利于雨水向前方排出，还可避免栏板底部有雨水回流。不仅如此，龙头造型的排水兽与三大殿的皇家宫殿氛围相融合，产生恢宏的艺术效果。

太和殿三台

太和殿三台为中国古建台基工艺的最高等级，由三层须弥座叠加而成。上表皮为地砖，核心部分则为分层夯实的灰土。

◎ 礓磜排水

故宫普通宫殿建筑的台基多做成台阶形式，雨水沿台阶流向地面。而在太和门广场、东华门城墙马道等区域，为方便人员通行，并防止滑到，有一种叫作"礓磜"的特殊台阶地面，即建筑台基通向地面的锯齿形坡道。锯齿高出坡面约1厘米，各锯齿间距约为12厘米（即条砖的厚度），雨水顺着锯齿形坡道直接向下排向地面，在大雨时亦可形成壮观效果。

协和门前礓磜台阶

广场排水

◎ 御路排水

故宫整体地势北高南低，宫殿广场西高东低，这就决定了广场的排水方向为西北向东南。以太和殿广场为例，正中有一条汉白玉铺砌的石材路面，叫作"御路"。御路南北向，宽2.2米，截面为"熊背"形，中间比两边高0.03米，两端与之相连的为0.6米宽的散水。御路是古代皇帝通行太和殿广场的专用道路，它位于故宫中轴线上，比太和殿广场其他区域地势要高，这使得广场的雨水首先由御路向东西两侧排，并直接排到东西侧端部。尔后，雨水顺着两侧的明沟向南排，到广场南端后，通过一个铜钱形状的雨水口进入暗沟，该雨水口称为"钱眼"。由于广场西高东低，因而暗沟的雨水汇入东南角，进入了更深

散水 在御路两侧用砖铺成的具有一定坡度的地面，用于将御路的雨水排向两侧及更远处。

太和殿广场御路

散水

散水

太和殿广场钱眼与暗沟

太和殿广场东南角的涵洞

的涵洞。这个涵洞向东穿过太和殿东南端的庑房，直接排入文华殿区域的内金水河。由上可知，太和殿广场的地面排水流向是中间→东西两侧、北→南、明沟→暗沟→涵洞→内金水河。

◎　甬路排水

故宫内廷区域为后妃的居所，其建筑体量普遍较小，犹如一个个小型四合院。这些院落的地面相当于小的广场，其排水方法与宫殿广场类似。在庭院正中，有十字形交叉的铺砖地面，称为甬路，专供人员行走。甬路的断面亦为中间高、两边低，因而雨水由甬路正中流向两侧牙子，再顺着牙子流向庭院东南角。庭院中各个建筑屋檐下都有散水，坡度约为5%，因而建筑底部亦不会存水，散水底部的雨水亦排向东南角。雨水汇集到庭院东南角的钱眼位置，再由钱眼进入暗沟，再由暗沟排向内金水河。对于毗连的院落，其共用院墙底部一般开有洞口，以使排水畅通。

庭院内的甬路

庭院内的钱眼

院墙底部的排水口

城墙排水

故宫四周为10米高、5.78米宽的城墙。城墙由内墙、外墙及墙芯土体组成，土体之上为地砖面层。雨水渗入城墙地面会引起地面下沉，并增加墙芯土的侧压力，导致墙体开裂，对城墙的稳定性造成不利影响。因此，处理好雨季的排水很重要。

中国古代城墙的排水主要通过墙上的排水槽来实现。故宫的城墙的排水亦为此法，主要通过石质（豆渣石）水槽进行。内墙每隔10米左右安装一个石质水槽，水槽宽约0.45米，凸出墙体约0.6米，雨水通

城墙排水槽排水

过水槽排出墙体。为避免雨水顺着水槽底部边界回流到墙体侧面，石槽下方安装有铁皮，铁皮从石槽端部向外伸出0.15米左右，有利于雨水向前、向远方排出。对于

城墙排水槽，2018年7月21日午门

神武门下水道（揭开盖板前）

神武门下水道（揭开盖板后）

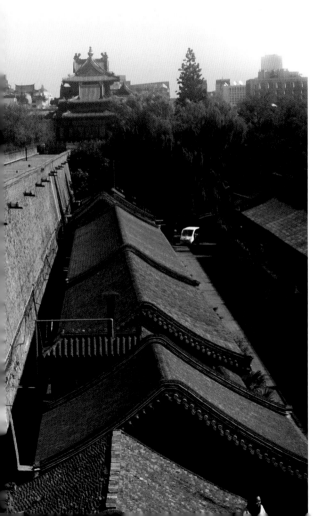

城墙地面而言，其外墙侧的高度比内墙侧高0.03米，以利于雨水排向水槽。

需要说明的是，故宫外墙无排水槽，主要是为了保持城墙外表面庄严、壮观的效果。

地下排水

故宫地上的雨水一般通过地下排水系统排向南部的内金水河。

神武门内（南侧）宫墙的北侧，有一条自西向东的排水道，它是故宫最北侧的排水道，内宽0.35米，深1.8—2.9米，其上部铺设石板，且每隔一定距离的石板上有泄水的小孔。该下水道开始于故宫的西北角，向东延伸到故宫东北角，分别在建福宫、西六宫、东六宫、乾隆花园（珍宝馆）、

排水暗沟断面

十三排区域设置南向分支，以接纳故宫宫殿区域的雨水，雨水向南流向内金水河。

位于乾隆花园区域分支的下水道，其向南经过东筒子巷、御茶膳房，再流入文华殿东侧的内金水河。

故宫东侧十三排区域的下水道，经北十三排、南十三排，向南流入清史馆区域的内金水河。南十三排附近消防管线施工时挖出的暗沟，该暗沟为东西向，其作用是将十三排建筑院落中的雨水排入下水道，

东华门东侧的内金水河

再经过下水道流向南端的金水河。

西六宫区域的下水道，向南流经乾清宫，再穿过养心殿，其间将沿途各宫殿的雨水汇集，再经隆宗门向南流入武英殿附近的内金水河。

故宫的地下排水系统纵横交错，条理有序，将各个宫殿区域内的雨水排向了东南端的内金水河。

维护保养

故宫完善的排水系统离不开及时有效的维护和保养。明代负责此项工作的机构为二十四衙门的惜薪司，清代为内务府营造司。历史上，故宫排水系统的维护是全面而深入的。清代故宫内最后一次大规模的河道沟渠清理工程，于光绪十一年(1885)四月开工，工期历时两年，工程包括清除内金水河2100米河道及故宫内总长度约为8000米的大小沟渠的全部淤泥，修砌两岸河墙及15座桥梁，同时还修整了河帮、更换了沟盖等排水设施，保证了内金水河排水的通畅，以及各排水设施的有效运行。

故宫博物院成立后，对故宫排水系统的维护和保养亦很重视，每年在汛期前会对屋顶的瓦件进行检查修补，对古雨水沟进行疏通、养护，更换失效的排水管道，及时修砌水沟、水渠、内金水河的侧帮，清除淤泥和杂草，定期对排水系统进行巡查，保证其有效运行。

瓦顶修缮

疏通排水沟

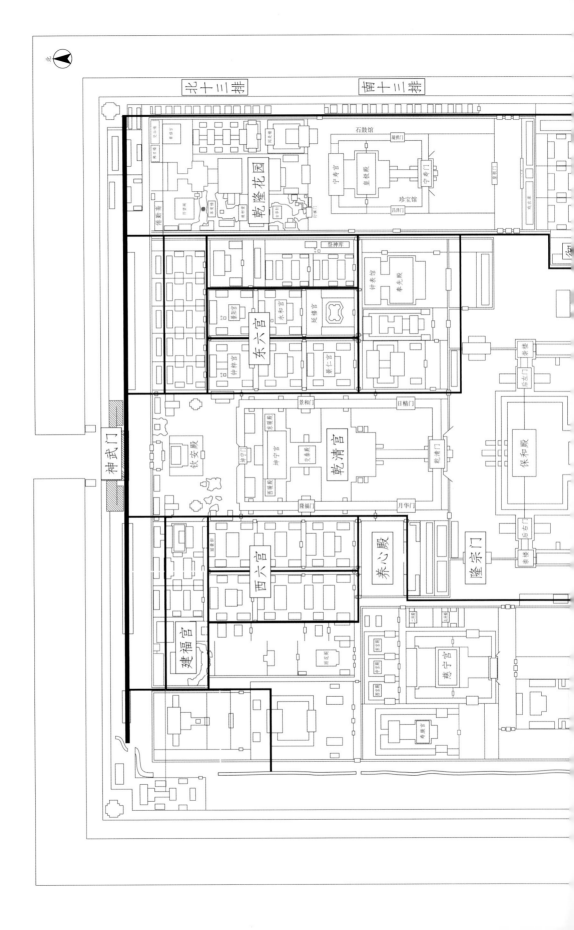

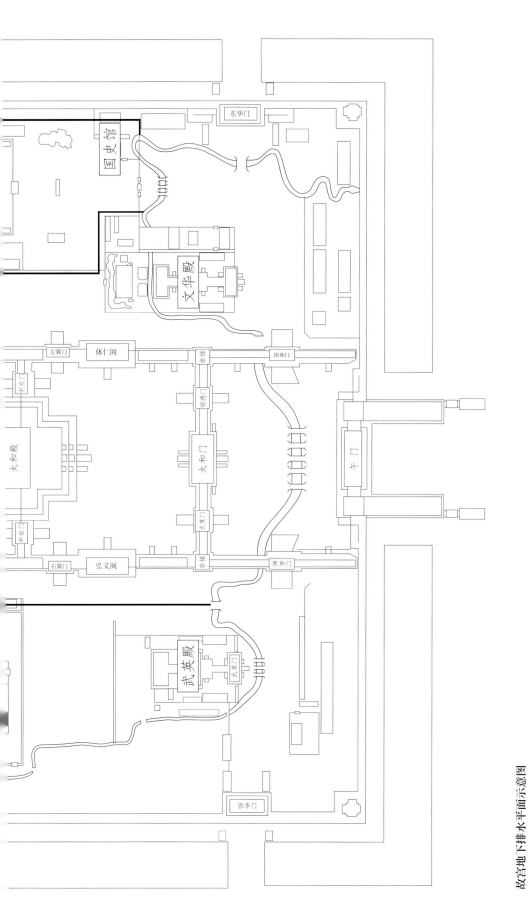

故宫地下排水平面示意图

加粗线条为暗沟。未勘查全，仅绘出部分暗沟。

门钉

紫禁城古建筑的重要特征之一，就是很多大门上设有行列有序的门钉。紫禁城是明清帝王执政与生活的场所，其门钉集实用与美学功能于一体，背后还有深厚的传统文化内涵。

乾清门门钉
乾清门门钉数量为九行九列，代表着皇宫的最高等级。

从建筑技术角度来看，紫禁城的门钉使门板更加牢固稳定。门钉用于实榻门，这是紫禁城古建筑大门的一种，用于四个城门和各个宫殿的宫门，其特点是体量大、门板厚（可达20厘米）、防御性强。实榻门的门板由原木锯成，一块块门板由穿带连接成整体，具体做法为：在各个门板侧面开通孔，然后用穿带将各个门板连接起来。然而，实榻门的频繁开合容易使穿带与门板的连接产生松动，穿带会从门板的孔洞中脱落，造成门板散架。门钉有铁质的也有铜质的，体积小，强度高，被钉入门板与穿带的连接位置，约束了门板与穿带的相对错动，使得实榻门保持整体完好，因

而有利于实榻门的稳固。钉帽（门钉露出门板外的部分）被做成圆泡状，便于门钉的维修和替换。

门钉与古代礼制文化有关。在古代，门钉的使用有着严格的规定。乾隆朝《钦定大清会典》卷七十二规定：皇宫各大门门钉数量为九行九列，采用铜钉；亲王府的门钉为九行七列；世子府、郡王府、贝勒府、镇国公府、辅国公府的门钉数量为九行五列；其余王公府的门钉数量为七行七列；侯及以下门钉数量为五行五列，且仅能用铁质门钉。对于普通百姓而言，大门上是不允许设门钉的。

在古代，人们认为门钉也是"镇物"，

镇物 古人为达到消灾驱邪、迎祥纳福或实现其他主观愿望，往往寄托于某种特定的事物，并主观认为该事物具有无穷的能力（无论科学与否），能够助力实现其愿望。这种"特定"的事物即为镇物。

门钉较早地被记录在战国时期的《墨子·备城门》中，其外形为尖圆形，主要功能为防御。随着历史的发展，门钉装饰功能增强，外形亦发生改变，从山西大同北魏平城遗址出土的门钉，到现存明清古建筑的门钉，其外形多为圆泡状。

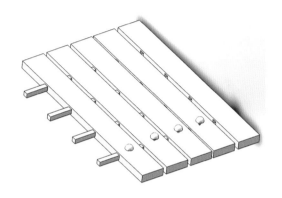

门板、穿带与门钉

门钉细部
圆泡状钉帽便于门钉的维修和替换。

摸门钉、数门钉可以驱灾辟邪。明末清初文学家褚人获所著的《坚瓠集·补集》卷四记载，在元宵夜，京城的妇女们都会去正阳门摸门钉，希望去晦气，赶走病魔。另据清代学者李鼎元所著《师竹斋集》卷九记载，在元宵节前后三天，百姓都会去数门钉，以驱邪祛病。古代的门钉象征防御，可抵御外敌入侵；相应的，古人认为摸了门钉后，会抵御外病入侵。古建筑门钉数量多为阳数（单数），而邪魔之气多为"阴气"，因而古人认为数门钉有利于增加"阳气"，以达到驱邪、祈愿目的。

门钉还体现了装饰艺术之美。一方面，凸出的钉帽增加了大门的厚实度以给人安全感；另一方面，圆本身就是一个完美闭合的造型，钉帽的圆泡状避免了尖状锋利的突出，有柔和、圆润之美。门钉的尺寸一致，外观一致，色彩一致，排列方式一致，行列间距一致，各行列的数量一致，整体上形成秩序之美。又以门中缝为对称轴均匀分布，形成对称之美。大门饰以红色，门钉则饰以金黄色，红色和黄色正是紫禁城的主要色调，红色刚强炽热，黄色则是皇家宫殿庙宇的专用颜色。金黄色的门钉与红色的门板映衬出紫禁城的华丽和大气。圆形门钉在外侧，方形门板在内侧，这种"外圆内方"呼应了"天圆地方"，形成和谐统一之美。

影 壁

　　影壁又称照壁或萧墙，是中国传统建筑中相对独立的单元，常常位于大门外，与大门相对而立。故宫中的影壁分布在内廷的各个院落中，它们设置巧妙、实用性强、内涵丰富。影壁的建筑智慧，主要表现在保护隐私、点缀空间、调节气流等方面。

　　位于宫门外的影壁可阻断无关人员的视线，以保护建筑内部空间及人员的隐私。具有这种功能的影壁多见于东西六宫区域。如西六宫之一的养心殿，其院落的东侧入口为遵义门。当宫廷人员从遵义门进入时，首先看到的是一座影壁。该影壁由养心殿内东北值房的东山墙直接改建而成，因而又称为"座山影壁"。

　　故宫影壁的布置方式具有点缀建筑空间的作用。如位于故宫中轴线区域的乾清门，其前面为广场，东西两侧有影壁。影壁呈八字形布置，犹如乾清门两侧撇开的两道墙，被称为"撇山影壁"。乾清门的撇山影壁避免了建筑整体布局的呆板，形成了凸凹有致的视觉效果。由于撇山影壁向外斜向延伸，扩大了乾清门外的建筑使用空间，有利于宫廷人员开展活动，满足了建筑的功能需求。

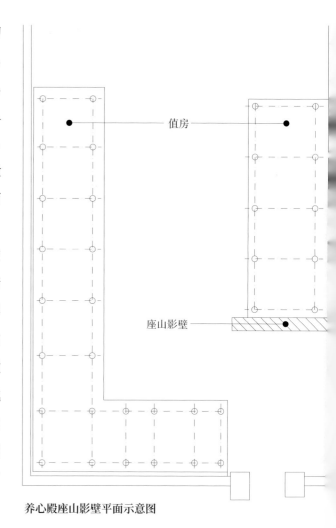

值房

座山影壁

养心殿座山影壁平面示意图

乾清门前撇山影壁

故宫里的影壁还可调节外部气流。如位于南三所大门外的影壁，平面呈"一字形"布置。当风力引起的外部气流进入建筑内部时，若没有该影壁的阻挡，气流将

养心殿遵义门影壁

直线式进入；而大门外的影壁使得气流方向发生了改变，变成了"S"形，即气流绕过影壁后再进入建筑区域内部。若外部气流较强，直线式的输入方式会使人感到不适。一字影壁的运用，调节了外部气流的进入方式，气流强度受到缓冲，缓冲后的气流进入建筑内部时，其流速可与建筑内部的气流相互协调，提高建筑内气流的舒适感。

故宫影壁还体现了镇物文化、礼制文化、祈福文化等文化内涵。古人对自然规律的认识有限，常把消灾纳福的愿望寄托于某个特定物件上，该物件就是镇物。故宫里的影壁在造型、材质等方面都包含了镇物文化的内容。如位于东六宫的景仁宫大门内有一座石影壁，在影壁的两侧，各有一尊异兽。异兽头上独角，身披鳞甲，四爪锋利，造型威猛，起消灾驱邪的镇物

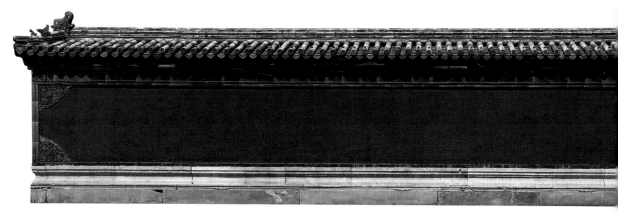

南三所大门外一字影壁

功能。古人认为石质构件也能够驱邪。如旧俗中立于道路口的"泰山石敢当"石碑，就是古人用来驱邪的镇物；据敦煌写本《宅经》记载，在大门前放九十斤石头，可以达到镇宅的目的。景仁宫影壁采用石材制作，也是镇物文化的反映。

故宫影壁的礼制文化主要体现为刻意凸显古代帝王的身份与地位。如位于皇极门外的九龙壁，最显著的特点就是影壁芯刻有九条栩栩如生的龙。龙为中国古代传说中的异兽，具有"上天潜渊、无所不能"的本领，在历史发展进程中，又逐渐被施加政治色彩，成为古代帝王权力的代名词。

故宫影壁芯的纹饰多包含祥瑞内容，如位于西六宫区域的太极殿，大门内为一字形木质影壁。影壁芯四个岔角各有蝙蝠

九龙壁正立面

景仁宫前影壁

太极殿前木影壁

一只，中部有蝙蝠五只，围绕圆形"寿"字飞舞。岔角与中心之间，为三幅云与蝙蝠组合环绕。在中国的传统文化中，由于"蝙蝠"谐音"遍福"，因此多用于寓意福泽。五只蝙蝠寓意"五福"。《尚书》记载，"五福"包括"寿""富""康宁""好德""考终命（享尽天年）"等内容。

为什么影壁上有九条龙？

数字"九"有着特殊的文化含义。在中国传统文化中，"九"为最大的阳数，九条龙寓意龙的数量至多。九龙壁的顶上还刻有五条龙，"九""五"组合，寓意"九五之尊"，即皇帝至高无上的地位。

雷公柱

雷公柱是在攒尖类建筑顶部或庑殿类建筑正脊上安装的立柱，雷公柱下部立在一根梁上，这根梁被称为"太平梁"，古人认为雷公柱和太平梁可以保佑建筑免遭雷击。故宫古建筑屋顶上亦安装有雷公柱，但它真的可以防雷吗？

为什么故宫易遭雷击？

有明确记载的紫禁城遭受雷击记录，明代有16次，清代有4次。遭受雷击的建筑有太和殿、中和殿、保和殿、奉先殿、午门等十余座建筑，其中太和殿在明代至少被雷击过4次，分别为明永乐十九年（1421）四月、明正统八年（1443）五月、明天顺元年（1457）六月、明嘉靖三十六年（1557）四月，而最后这次所记载的雷击最为严重。

故宫所在区域遭受的雷电灾害一般发生在5月—9月，其中6月—8月占87.23%，8月最多，占34.04%，5月最少，占4.26%，其他月份无雷电灾害记录。故宫古建筑频繁遭受雷击，与以下因素有关：

◎ 故宫所处的地理环境的特殊性

北京地区的落雷区域在西山—八里庄—故宫—朝阳门—十八里店—宋家庄—百子湾—通州一线，故宫恰在落雷区域之中。故宫的四周有护城河，下有4条古河道通向护城河，这使得故宫古建筑基础处于潮湿的环境中。故宫地势北高南低，造成位于故宫南部的三大殿（太和殿、中和殿、保和殿）、午门等建筑的地下水位高，更容易遭受雷击。前朝三大殿位于南部空旷的区域范围内，且体量高大，这也使得这三座建筑相对于其他建筑更容易遭受雷击。另故宫所在区域的电阻率相对于其他区域要低，这也是故宫古建筑易遭受雷击的原因。

据《明世宗实录》，明嘉靖三十六年四月遭受雷击那晚，"雷雨大作，戌刻火光骤起，由奉天殿（太和殿）延烧谨身华盖二殿（中和殿、保和殿），文、武楼（体仁阁、弘义阁），奉天门（太和门），左顺门（协和门）、右顺门（熙和门）及午门外左右廊尽毁"。

太和殿隔扇上的铜环

◎ 故宫古建筑立面造型的影响

故宫古建筑正脊两端有正吻，前后坡前部有小兽，攒尖屋顶有突出的宝顶，以上都是突出的部位，易遭受雷击的破坏。而故宫古建筑在历史上遭受雷击的构件类型统计结果显示，吻兽是最容易遭受雷击的构件，在历史上至少遭受过23次雷击，其次才是屋顶瓦件、门窗等其他构件。

◎ 故宫古建筑虽然以大木结构为主，但仍含有部分金属构件

隔扇上的铜质把手与门环，悬挂匾额的铁钩，加固大木构件采用的扁铁、扒锔子等，这些金属物体增加了电荷量的饱和程度并加速了电场的畸变，使建筑更容易发生雷击。《明史》卷二八记载："明崇祯十六年（1643）六月丙戌，雷震奉先殿鸱吻，槅扇皆裂，铜镶尽毁。"由于雷电在铜环内产生感应电流，因而致使其发热烧毁。又如1987年8月24日晚景阳宫的吻兽受雷击后，电流通过雷公柱串到建筑明间上部的"景阳宫"木质匾额位置，而该匾额背后有较大的铁钩将其固定在额枋上，因而在铁钩位置产生放电现象，并引燃了匾额。

1987年8月景阳宫正殿西大吻受雷击产生破坏

1949年以后，故宫亦有遭受雷击的记录，其中最严重的一次在1987年8月24日晚10点左右，故宫东六宫之景阳宫遭受雷击，并诱发火灾。大火从屋顶雷公柱开始燃烧，然后蔓延之西山下金檩、下金枋和西南角梁等构件。火灾造成建筑南部屋檐中部烧焦下陷，西南角塌落。北京市消防局接警后调用了11个中队、31辆消防车、近200名消防人员，历时近3个小时才将火扑灭。

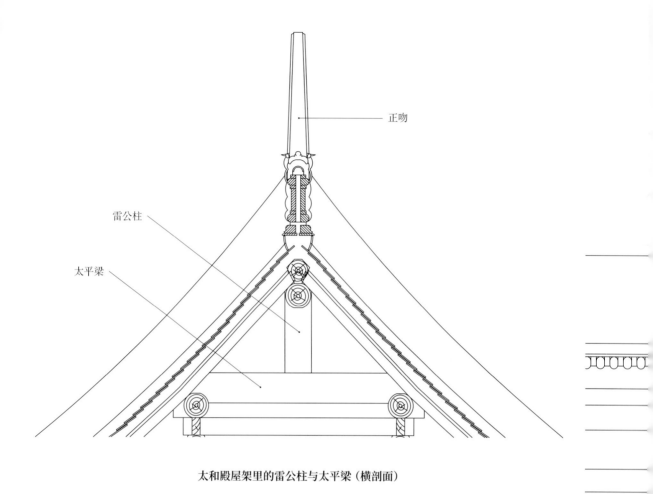

太和殿屋架里的雷公柱与太平梁（横剖面）

图中标注：正吻、雷公柱、太平梁

雷公柱可以防雷吗?

古代工匠为了避免较高耸建筑遭受雷击，在攒尖类建筑的木构架顶部安装一根立柱，下部落在一根木梁上；在庑殿类建筑正脊端部的正吻下方安装一根立柱，其下部亦立在一根梁上，上部则支撑木构架端部挑出的脊檩和两边的由戗，以上立柱均被称为"雷公柱"，下部支撑的梁则被称为"太平梁"，古人认为有雷公柱和太平梁的护佑，建筑就不会遭受雷击。不光古代，有的现代人也认为，古建筑遭受雷击后，电流通过雷公柱、太平梁，传到老檐柱，并沿着角柱传到地下，因而起到了接闪作用，保护了古建筑。实际上，这种说法是错误的，故宫古建筑并不因为有雷公柱构

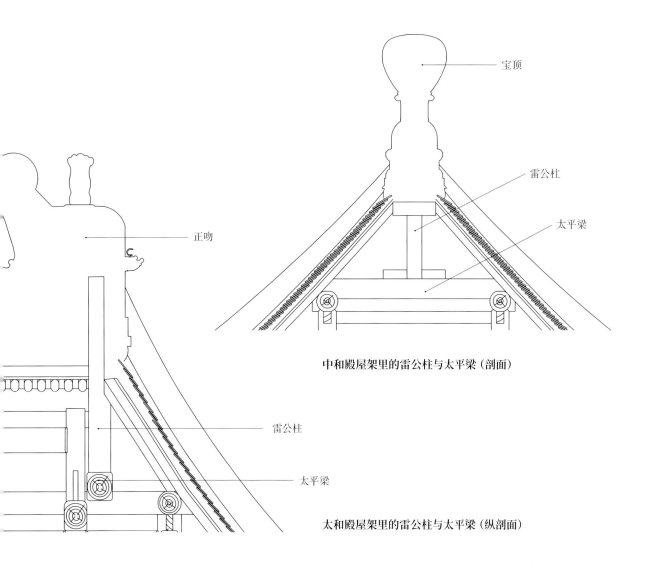

正吻

宝顶

雷公柱

太平梁

中和殿屋架里的雷公柱与太平梁（剖面）

雷公柱

太平梁

太和殿屋架里的雷公柱与太平梁（纵剖面）

造而免遭雷击。雷公柱本身为木材，而故宫古建筑所用的木材多以松木为主（楠木仅见于少量明代建筑），属于绝缘材料，不可能起到接闪作用。而1987年8月24日故宫东六宫之景阳宫遭受雷击的部位正是雷公柱，引发的火灾也源于雷公柱。

同为皇家建筑的明十三陵长陵祾恩殿于1957年7月6日遭受雷击，西侧吻兽击掉二分之一，正脊砸裂40—50厘米，雷电流沿正吻下方的雷公柱、太平梁及两根楠木木柱向下传并将其劈裂2—3厘米深，同时将天花板和柱根震裂3条裂缝，并造成数人伤亡。由此可知，故宫古建筑采用雷公柱的做法不能起到防雷效果。

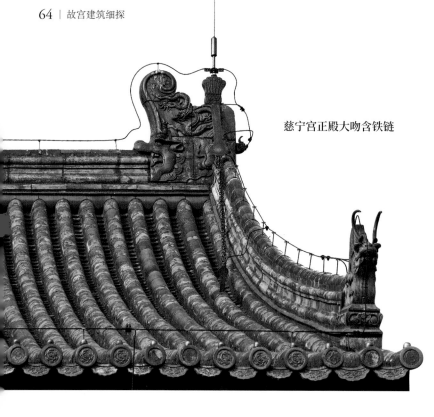

慈宁宫正殿大吻含铁链

保和殿瓦面铁链端部

迷信的防雷方法

◎屋顶铁链的使用

古人通常会在正脊两端安设一个龙头形状的琉璃装饰物，用于克火，该装饰物即为正吻。正吻两侧还会有铁链拉接。古人认为该方法有利于避雷，而某些现代学者亦认为铁链有助于放电。实际上这种观点不对，因为铁链并不接地，其另一端仍固定在瓦上，铁链的功能仅为固定正吻。正吻是非常容易受雷击部位，如太和殿、奉先殿、保和殿、端门等建筑的正吻在明代均有遭受雷击的记载，由此可说明固定正吻的铁链并没有防雷效果。

慈宁宫大佛堂西侧大吻

◎宝匣的使用

故宫古建筑无论是建造还是修缮，都富有神秘主义色彩，其表现之一，即在屋顶正中安放镇物——"宝匣"。有专家认为，宫殿建筑屋顶放置宝匣，是与民间传统习俗密切相关。中国民间盖房上梁时有悬挂"上梁大吉"字条、抛元宝、安放镇物等祈求平安的方式。类似的，故宫古建筑在屋顶施工结束前，施工人员往往要郑重其事地在屋顶正脊中部预先留一个口子，称之为"龙口"，尔后会举行一个较为隆重的仪式，由未婚男工人把一个含有"镇物"的盒子（材料为铜、锡，或木质）放入龙口内，再盖上扣脊瓦。该盒子被称为宝匣，而放置宝匣的过程被称为合龙。古人认为，在屋顶正中安放宝匣可以辟邪消灾，也可以防雷。然而，这些宝匣不仅不能防雷，反而因为宝匣含有金属物质而容易诱发雷击。

1984年6月2日故宫东六宫之承乾宫遭受雷击，雷电并没有击在正脊两端较高的正吻上，而是击中了位于屋脊正中的锡质宝匣。

慈宁门宝匣中"药味"

宝匣里面有什么？

宝匣里面有"五金""五谷""五色线""药味"等物品。"五金"多为金、银、铜、铁、锡；"五谷"多用稻、麦、粟、黍、豆数粒；"五色线"为红、黄、蓝、白、黑色丝线各一缕；"药味"包括雄黄、川莲、人参、鹿茸、川芎、藏红花、半夏、知母、黄檗等。镇物还可包括珠宝、彩石、铜钱（多为24枚，上铸有"天下太平"四汉字，也有满汉文合璧的）、佛经、施工记录等。

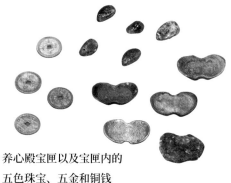

养心殿宝匣以及宝匣内的
五色珠宝、五金和铜钱

慈宁宫屋脊正中的宝匣

科学防雷

1955年故宫博物院开始采用现代科技手段来进行防雷。1955年8月8日晚，午门雁翅楼东北、东南两角亭遭雷击，当时的文化部文化事业管理局在午门维修工程的批复中明确了安装避雷针的问题，并委派故宫博物院古建部高级工程师于倬云协调此事。自此，故宫博物院各个古建筑开始逐步安装避雷装置，如避雷针、避雷带等。至目前为止，故宫绝大部分古建筑均安装了避雷设施，前文提到的遭受过雷击的景阳宫也于1993年安装了避雷针。

故宫古建筑的外部避雷设施主要包括以下三个方面：

◎ 避雷针

在选择避雷针时，根据古建筑的结构类型、使用情况和外部造型，采用不同形

式的避雷针。有正脊的屋顶在两端正脊安放避雷针，针高1.5米左右，材料为紫铜棒，针尖鎏金或镀金；四角攒尖屋顶在宝顶中间安装避雷针；充分利用金属鎏金宝顶和金属屋顶接地，如四个角楼利用鎏金宝顶、雨花阁利用屋顶的鎏金龙身接地；同时还将大量的线路隐蔽在筒瓦里，尽量不破坏或少破坏古建筑物原有的造型。

◎ 避雷带

有的建筑面阔（长度）过大，两端吻上的两支避雷针保护不了正脊中间部位和垂脊上的小兽时，可增加两吻间的避雷带。用直径为8毫米的紫铜做避雷带，避雷带

以避雷针接闪为例，1957年7月12日东华门避雷针鎏金部位有电伤痕迹；1993年8月，钟粹宫西吻兽上安装的避雷针接闪；1996年8月，长春宫西吻兽上安装的避雷针有两次接闪，说明安装的避雷针起到了应有的作用。避雷设施的应用，在很大程度上避免了雷击造成的故宫古建筑失火问题。

乾清宫大吻

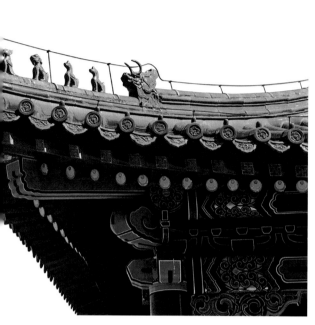

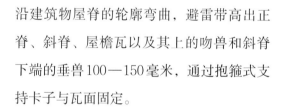

小兽上的避雷带

慈宁花园内值房的避雷接地

沿建筑物屋脊的轮廓弯曲，避雷带高出正脊、斜脊、屋檐瓦以及其上的吻兽和斜脊下端的垂兽100—150毫米，通过抱箍式支持卡子与瓦面固定。

◎　接地装置

采用裸铜线作为引下线，并在距地面2米处缠绕上绝缘材料，再用塑料管包掩盖。考虑到古建筑的重要性，将绝缘材料的电阻值适当降低，一般的建筑接地电阻定为10欧姆，重要建筑则定为5欧姆。接地装置采用的是镀锌钢管，每个接地装置有四根钢管，长4米，直径5厘米，壁厚5毫米，布置为一字或梅花形。接地体都是

深埋，以防止出现跨步电压伤人。

除了安装避雷针，故宫古建筑的建筑材料大多为绝缘材料，也有一定的防雷作用。屋顶为琉璃瓦，瓦下面为泥背，泥背下则为木质的椽子、望板、梁架；大木构架是以木梁、木柱承重的核心受力体系，墙体起围护作用，墙体材料为砖石；柱子下部为石质基础，基础以下则为碎砖、灰土分层叠加的地基。上述建筑材料均为不易导电的材料，因而有利于减小建筑本身遭受雷击的可能性。事实上，故宫近千座建筑中，易遭受雷击的只有三大殿、午门等几座而已。

2

生活与休闲

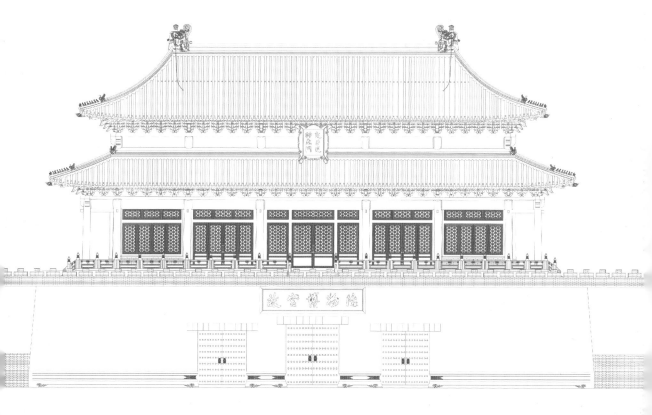

避暑

　　北京属于暖温带季风气候，夏季高温多雨，酷暑难耐。但是紫禁城却有多种防暑、避暑的设配和措施，使在宫中居住的帝后可以从容度过炎热的夏季。

冰窖

　　冰窖是为避暑而建的建筑，其主要作用是储藏冰块，用作帝王在暑期饮冰。故宫内的冰窖具有非常优秀的隔热性能，现存共4座，坐落在故宫西区隆宗门外西南约100米处，每座建筑的形制完全相同，均为南北向建造，外观与普通硬山式建筑无异。

　　冰窖内部则为半地下室形式，室内外地面高度差约2米。每座冰窖内部长

冰窖北立面照片资料

约11米，宽约6.4米，地面满铺大块条石。地面一角留有沟眼，融化的冰水可由此流入暗沟，暗沟附近有旱井，以利于暗沟排水。四周由1.5米高的石质墙体和2.6米高的条砖墙组成，由此开始起拱做成拱券顶棚形式。顶棚与屋顶最高点的高差约2米，其间用灰土填充。建筑墙体厚约2米，不设窗，仅在南北两侧设门。

　　故宫冰窖采用的地下式建筑形式，利用地下温度的恒定来保持室内温度的恒定；厚厚的墙体及屋顶隔离了室外高温的影响；可以吸附杂质、净化冰水的地面，维持了冰块的清洁；地面暗沟有利于保持窖内干燥。

　　故宫冰窖在2015年被改造成了餐厅，其半地下室增设楼板及支撑楼板的木柱，但是冰窖内部的原始空间并未改变，仍可从中看出墙体及顶棚的材料及建筑做法。

冰窖北立面
冰窖外观与硬山式建筑类似。

冰窖餐厅券形顶棚
顶棚与屋顶最高点的高差约2米。

冰窖餐厅地下部分
地下式建筑可保持室内温度恒定。

◎ 畅春园冰窖

关于故宫冰窖的建造档案很少，但是同为皇家建筑的畅春园冰窖建造却有着详细的记载。清康熙三十九年（1700）六月，康熙下令在畅春园建造4排、共24间、能够容纳30000块冰的冰窖。每排冰窖长约23米，宽约6.1米。冰窖的室内地面为旧石料铺墁，室内地面到室外地面间的台阶用豆渣石铺墁。建筑端部有拱形门洞，四周砌墙不设窗。墙基础为柏木桩基础，基础之上铺墁豆渣石。墙体分为地下和地上两部分，地下部分墙高约2.2米、厚约1米，由旧砖砌筑；地上部分墙高约2.6米，厚约0.8米，由旧砖砌筑，外表抹石灰泥。屋顶上铺墁筒瓦。

畅春园的冰窖采用了与故宫冰窖类似的半地下结构、圆拱门、厚厚的墙体，以及外表与普通建筑类似的瓦顶屋面。畅春园冰窖采用了豆渣石铺墁台阶和地面，故宫冰窖地面的石材材质或与畅春园冰窖地面材质相同，同样有着净化冰水的功能。

豆渣石 豆渣石又名麦饭石，属火山岩类，是一种对生物无毒、无害并具有一定生物活性的复合矿物或药用岩石。当冰水融化时，豆渣石可将水中的游离氯、杂质、有机物、杂菌等吸附、分解，因而能防止水腐败，同时可以使矿物质溶入水中，得到优质水。

改造后的冰窖外立面

凉棚

　　搭设凉棚也是故宫避暑的重要方法之一。所谓凉棚，即在夏天搭设用于遮阳用的临时性棚子。夏天天气炎热，室外活动多为不便，为此故宫的后宫建筑一般会在立夏后，在院落里搭设凉棚，由内务府营造司负责具体搭设事项。凉棚覆盖整个院落，不仅可以遮阳避暑，而且有利于阻挡部分空中的灰尘及鸟粪。现存故宫长春宫庭院及庭院内凉棚的烫样，烫样大约制作于清咸丰九年（1859）。长春宫位于故宫西六宫区域，是明清后妃居住的场所，明朝嘉靖皇帝的尚寿妃、天启皇帝的李成妃，清朝乾隆皇帝的孝贤皇后、慈禧太后均在此居住过。

冰箱

　　炎炎夏日，现代人通过冰箱来获得冰爽可口的饮品或食品。现代冰箱一般采用机械压缩、冷凝技术，利用人工制冷剂材料（氟利昂-12）来吸收箱内的热量，使得箱内降温。那么，在古代，有没有具有制冷效果的冰箱呢？回答是肯定的。中国古代冰箱源于冰鉴。"鉴"其实就是盒子，"冰鉴"就是存放冰的盒子。古人为了食物保鲜，早已掌握藏冰技术。每年冬天，都有专人负责采冰、藏冰，在来年夏天将这些冰放入特定的盒子中，用于制冷。与现代冰箱不同，故宫的古代冰箱不仅绿色环保、无噪声污染，而且在夏天有着很好的制冷效果，可以冷冻食物和饮料，还可以为房间制冷。

烫样　烫样是古建筑的立体模型。皇帝批准建造一座宫殿之前，需要审核它们的实物模型即烫样，这种模型一般用纸张、秫秸、油蜡、木头等材料加工而成。通过向皇帝展示烫样，可显示出建筑的整体外观、内部构造、装修样式，以便皇帝做出修改、定夺决策。

长春宫凉棚烫样

《周礼·天官·凌人》载有"凡外、内饔之膳羞鉴焉"，意思即各种牲肉和美味的食物都放在冰鉴中（以防腐）。宋代诗人苏轼在《元祐三年端午贴子词·皇太后阁》之三中写有"水殿开冰鑑（鉴），琼浆冻玉壶"，意即使用冰鉴来获得凉爽的美酒。

长春宫庭院及正殿

◎ 柏木冰箱

这件冰箱置于柏木底座上，为上大下小的斗形，平面尺寸约为90厘米见方，高约82厘米，内壁四周包镶有一层铅皮。冰箱底板正中有小孔，中间高度设架空搁板一层，顶部有盖板，盖板上开设铜钱纹的通气孔。从材料上讲，柏木和铅均为较好的冰箱制作材料。柏木古朴典雅，色泽鲜丽，木纹清晰，表面具有丰富的自然木节；木质厚实，遇水不易烂，不会发黑，且会散发出一种有利于安神补心的香味。铅为材质较柔的一种金属，易于加工，能够与柏木箱的内壁紧密连接。铅的防水性能非常好，故宫重要建筑的屋顶（如太和殿）就覆盖了一层铅皮作为防水层。铅还

有较好的防腐功能，覆盖在柏木箱的内壁，可防止冷气腐蚀木材。从功能上讲，柏木冰箱兼有冷藏水果和使室内降温的双重效果。冰箱内架空搁板上面放夏令水果，如西瓜、荔枝、葡萄等，搁板下面则放冰块。冰块融化时产生的冷气，一方面可使水果降温，另一方面冷气从盖板的铜钱纹开眼冒出，充溢室内空间，有利于室内降温。融化的冰水则可通过底部正中小孔流出，下有预留的水盆接住，有利于冰块长期使用。

◎ 乾隆御制款掐丝珐琅冰箱

这件冰箱由箱体与箱座两部分组成，呈口大底小的的斗形，箱体为木质胎底，

柏木冰箱

乾隆御制款掐丝珐琅冰箱

里面镶嵌一层铅皮，外表面则采用掐丝珐琅工艺。冰箱高45厘米，上下均为正方形平面，上外口边长72.5厘米，下外口边长约63厘米，壁厚约3厘米，重量达102公斤，不易搬动。冰箱的外表纹饰精美，露在表面的五面为缠枝宝相花纹，箱底部为冰梅纹饰。盖的边缘饰以鎏金，阳刻楷书"大清乾隆御制"六字款。箱座为红木，高31厘米，重21公斤，四角包镶掐丝珐琅并饰以兽面纹，造型与工艺同样别致、精细，与安放其上的冰箱浑然一体。冰箱底部一角有一个小圆孔，为冰化时泄水之用；盖面有二钱纹孔，冰块放入箱内时，可通过钱纹孔散发冷气。箱子的两边是四个提环，做成双龙戏珠型，美观坚固。

◎ 明万历蓝琉璃釉竹节方冰箱

这件冰箱约60厘米见方，呈上大下小的斗形，壁厚约3厘米，周圈中部及下部各设箍一道，起到装饰的效果。盖板厚约5厘米，板上有四个铜钱状的开孔，用于冷气排出。冰箱底部有个圆眼，用于排水。炎热暑期，宫廷服侍人员将冰块放入冰箱中，盖上盖板。冰块在其中慢慢融化，冷气由盖板的开孔逐渐散发至室内空间，使室内降温，而冰融化的水由底部的孔流出。冰块化尽之后，倒出冰水，再换冰块，如此反复，室温恒凉。

"大清乾隆御制"款识

乾隆御制款掐丝珐琅冰箱箱座

明万历蓝琉璃釉竹节方冰箱

机械风扇

◎ 雍正帝发明的风扇

雍正帝日常居住、办公的场所为养心殿。炎热的夏天常常使得雍正苦不堪言，他认为普通的手摇扇子不能满足室内降温需求，因而下令让造办处制作了"机械化"的风扇。与普通手摇风扇相比，该风扇的创新性在于，人工转动扇柄的时候，可同时带动六把扇子转动，产生的风力要比普通扇子强。当郎中保德进呈做好的风扇后，雍正帝并不是很满意，下令对风扇进行改进，要求稍微降低风扇高度，并把小羽毛扇换成大羽毛扇。雍正帝坐着办公，降低风扇的高度便于接受凉风；大羽毛扇子则产生的风力更大，降温效果更佳。

雍正二年六月初八日，造办处将改进后的风扇进呈给雍正帝。雍正对风扇样式比较认可，但又认为服务人员在屋内转动风扇时会出汗，有不好的气味，于是提出制作拉绳风扇的想法，即在扇柄上增加一根拉绳，在养心殿东暖阁后檐墙（北墙）开一个口子，拉绳沿着开的洞口伸出屋外，服务人员在屋外拽动绳子，使之带动扇叶转动，产生风力。为防止冬天北风从洞口刮入，雍正要求造办处再做木板一块，用来在冬天堵塞洞口。七月五日，总管张起麟进呈讫，拉绳式风扇做好，共做了两个，养心殿东暖阁、西暖阁各一个，雍正表示满意，并开始使用这种风扇。尽管雍正发明的拉绳式风扇仍为人工操作，但是其风力由绳子带动扇叶转动产生，且扇叶数量比普通手摇扇数量多，产生风力相对更大，降温范围更广。

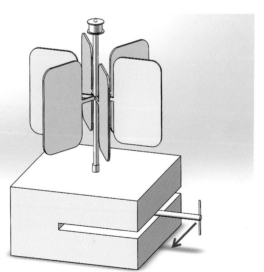

根据《清宫内务府造办处档案》之雍正二年（1724）"杂活作"记载，雍正二年五月二十五日，雍正帝下令做风扇一把。该风扇为楠木架子、铁芯，上面安装小羽毛扇六把，但仍需要人工。

雍正发明的风扇示意图

◎ 乾隆帝自鸣钟风扇

雍正的四子乾隆对自动风扇很感兴趣。根据《清宫内务府造办处档案》之乾隆二年（1724）"自鸣钟"记载，六月十三日，乾隆帝下令让服务于造办处的法国耶稣会士沙如玉制作带有"自动风扇"的自鸣钟一台。十一个月后，"自动风扇"自鸣钟制作完成。该自鸣钟的特点在于，其上部安装有风扇，钟的发条带动内部齿轮转动时，通过牵引装置带动风扇转动，从而使机械风扇成为现实。故宫博物院藏清乾隆时期的红木人物风扇钟由上、中、下三部分组成，下部为箱座，内可放物品；中部为时钟，通过发条转动可带动指针计时；上部则为手持桃形扇子的童子及立于童子背后的大风扇。当时钟走动时，带动童子上下挥动扇子，并带动大风扇水平转动，在夏天可产生较好的清凉效果。故宫博物院现藏类似自鸣钟数台，大都为乾隆时期制作。

◎ 乾隆帝的风扇房

乾隆帝还鼓励运用机械动力来制造大风扇。圆明园四十景之水木明瑟殿在清代就是三间大风扇房，为清帝避暑的场所。水木明瑟殿初建于雍正五年（1727），原名

内务府造办处造红木人物风扇钟（清乾隆）

圆明园四十景之水木明瑟遗址

为"耕织轩"。后来乾隆亲自指导，引入西方水法将其改造成风扇房。乾隆在乾隆九年（1744）所作《水木明瑟·调寄秋风清》里，写到"以泰西水法引入室中，以转风扇，泠泠瑟瑟，非丝非竹，天籁遥闻"的感受。在这里，"泰西水法"主要是指古希腊科学家阿基米德发明的螺旋式水车，又称"龙尾车"，其基本原理是利用内部轴的旋转来带动螺旋叶的反向旋转，使得水位不断提升，以提供风扇转动的动力；"泠泠"是指水声的清澈盈耳，"瑟瑟"则是指林间树叶在刮风时的轻微声响。利用流水产生机械动力，使得殿内的风扇自动运转，不仅解决了人力问题，水声潺潺中还伴随习习凉风，营造出绝佳的避暑意境。

《圆明园四十景图咏》之水木明瑟（局部）

取 暖

故宫位于我国北方地区，冬天温度较低，而明清两代又处于中国历史上第四个寒冷期，即"明清小冰期"，一年中约150天属于冬天，最低气温可达零下30摄氏度。即使在极其寒冷的时期，故宫的古建筑也是很温暖的，因为其有地暖、暖阁、火炕等一系列取暖设施。

地暖

与现代人冬季采用的水地暖（在地板下埋设水管，以热水为热媒，在水管内循环流动，加热地板）或电地暖（在地板下埋设电缆或电热膜，使之加热地板）方式不同，明清时紫禁城采取的地暖为烧火供暖，俗称"火地"或"暖地"。

火地是故宫古建筑的一种地下供热系统，由位于窗户外面的地下操作口、窗户里面的地下炉腔、室内地面砖下面的火道组成。其基本原理为：宫廷服务人员身处操作口内，将柴火或木炭置入炉腔内燃烧，炭火产生的热源沿着火道路径扩散，并由地下的出烟口排出，其间加热地面砖，利用地面自身的蓄热和热量向上辐射的规律由下至上进行传导，从而保持室内的温暖。

用地暖取暖的历史

中国自古以来就有在地下烧火来烘暖地面的做法。在1999年发掘的吉林通化万发拨子遗址中，魏晋时期的房址较具特色。在挖成浅穴后，以块石或板石在房址的四周立砌成两组烟道，上铺平整的板石，形成长方形火坑，该火坑即为冬季取暖用。北魏晚期的地理学家郦道元撰有《水经注》，其卷十四记载了当时的地暖构造：观鸡水（今河北丰润区北）以东有观鸡寺，其大堂地面均为石板铺成，地下有纵横交错的通道，用于通热气；在殿外地基位置烧火时，热气贯穿于通道内，加热了石板，使得整个寺庙大堂内很温暖，产生了很好的御寒效果。这说明观鸡寺不仅拥有可容千僧的大堂，又拥有这种特殊的取暖保温结构，其地面铺设石板，板上加抹灰泥一层，板下基石垒砌为火洞烟道；室外基侧，灶口、烟突交错，东薪西火，入炎出烟。

火地操作口

操作口位于窗户外面的地面以下，尺寸一般为0.8米×0.8米×1米（长×宽×高）。操作口在不使用时会被厚木板盖上，以防止小动物钻入，并有利于宫中人员在室外行走。

在2013—2017年发掘的吉林省长白山金代皇家神庙遗址中，其斋厅出现地下采暖系统，由南墙操作间、东墙偏南灶台、北墙独立烟囱，以及连接三者的4条地下烟道组成，是早期的皇家御用地暖系统。

明清时期，紫禁城的地暖系统已运用得比较成熟。如晚明太监刘若愚著《酌中志》卷十七《大内规制纪略》有"右向东曰懋勤殿，先帝创造地炕于此，恒临御之"；卷二十《饮食好尚纪略》有"十月……是时夜已渐长，内臣始烧地炕"。由此可知，明朝的紫禁城就有地暖了。据清末民初徐珂编撰的《清稗类钞》记载："每年十一月初一日，宫中开始烧暖坑，设围炉，旧谓之开炉节。"这里，"开炉"即开始使用炉火之意。开炉节揭开了宫中御冬消寒的序幕。尽管冬天室外寒冷，居住在宫中的帝王们在冬天则过得非常舒适温暖。

乾隆皇帝在《冬夜偶成》一诗中写道："人苦冬日短,我爱冬夜长。皓月悬长空,朔风飘碎霜。垂帘在氍毹,红烛明涂堂。博山炷水沉,和以梅蕊香。敲诗不觉冷,漏永夜未央。"道光皇帝在《养正书屋全集》中写有:"花砖细布擅奇工,暗热松枝地底烘。静坐只疑春煦育,闲眠常觉体冲融。形参鸟道层层接,里悟羊肠面面通。荐以文茵饶雅趣,一堂暖气着帘栊。"在这里,"鸟道""羊肠"即为地下供暖的通道。

故宫火地平面示意图

虚线箭头为热量传播路线,图中折断线代表窗户下部的槛墙。

编号1的位置为烧炭人员的操作口。在明代,紫禁城负责烧炭的人员由惜薪司安排,惜薪司于康熙十六年(1661)改为营造司。烧炭人员进入操作口,可往室内的地下炉腔填炭火。操作口在室外,烧炭人员站在操作口可隔着窗户看见室内,与室内人员交流,以便及时增减炭火,保证室内温度的适宜。操作口还可以避免炉腔火源产生的烟雾在室内蔓延而导致的安全隐患。

编号2的位置为火源所在地,即炉腔。炉腔与操作口之间的位置为送炭口,以铁箅子及炉门进行封护。铁箅子用生铁铸造而成,其边框截面尺寸较大,两端固定在墙上,上部支撑槛窗下面的墙体。铁箅子防止人从地下钻入室内,炉门则用来防止热源往外扩散。炉腔的上方为铁架子,亦为铸铁制造,主要是为了增加支撑强度,以承担上部地砖传来的重量,并用于承受

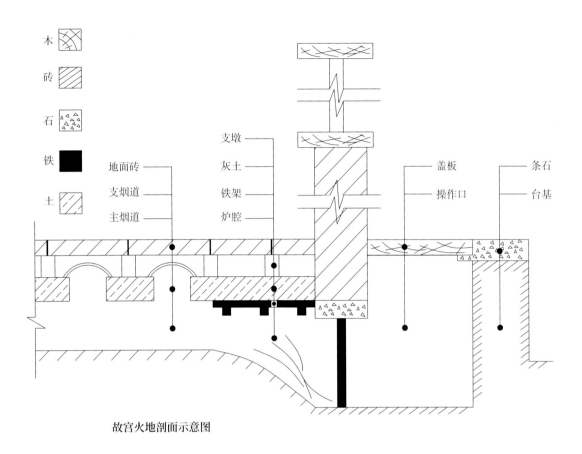

木 ▨
砖 ▨
石 ▨
铁 ■
土 ▨

地面砖
支烟道
主烟道

支墩
灰土
铁架
炉腔

盖板
操作口

条石
台基

故宫火地剖面示意图

《宫女谈往录》的"手纸和官房"部分记载了清代紫禁城建筑的取暖方式："数千间的房子都没烟囱。宫里怕失火，不烧煤更不许烧劈柴，全部烧炭。宫殿建筑都是悬空的，像现在的楼房有地下室一样。冬天用铁制的辘辘车，烧好了的炭，推进地下室取暖，人在屋子里像在暖炕上一样。"

送炭口铁箅子
炉腔位于窗户里侧的地下，平面形状为长方形或椭圆形，服务人员在此处烧炭，热量由此处向室内远处扩散。

烧炭产生的高温。

　　烧炭后，热量沿着编号3→4的方向往室内地下扩散，该方向被称为主烟道；热量还会向4→5的方向，以及与4→5平行的方向扩散，4→5方向被称为支烟道。主、支烟道的分布方式犹如蜈蚣，因此被俗称为"蜈蚣道"。需要说明的是，由于热量是由下往上走的，因而火源位置位于室内最低点，主烟道从火源位置向室内延伸时，其高度逐渐增大，剖面呈斜坡上升状。这样一来，热量就可以较为迅速地向远处扩散。

支墩照片

为便于热量在地下扩散，主烟道的地砖之上、支烟道的瓦之上再架空铺设地面砖，架空方为：在灰土（夯土）之上立多个砖制支墩，地砖搭在支墩上，面砖之间接缝用灰浆抹严实

主烟道和支烟道

主烟道截面尺寸较大，上面盖地砖一层；
支烟道截面尺寸小，上面扣瓦。

火地出烟口

为避免小动物从出烟口钻入室内地下，出烟口往往会砌上铜钱纹样的镂空砖雕，既实用又美观。

地下热量经过主、支烟道扩散到室内地下的各个位置，然后通过出烟口（编号6、编号7）排向室外。由于火源产生的绝大部分热量已在室内地下扩散，因而从出烟口排出的热量已经非常少了。

故宫火地烧炭实际不会产生多少烟雾。

这是因为，故宫取暖使用的木炭，是一种用通州、大兴、易州一带山中硬木烧成的红箩炭。这种木炭"气暖而耐久，灰白而不爆"，质量非常好，燃烧时几乎不冒烟。木炭燃尽产生的炭灰被收集起来，用作马桶、便盆中的衬垫物。

出烟口与操作口的位置关系

暖阁与火炕

所谓暖阁，即在有火地的建筑内（尤其是内廷帝后寝宫），用木隔断将这部分区域与宫殿建筑的其他区域隔开，使之成为一个较为封闭的小空间，能够保持恒定的温暖状态。坤宁宫在明代为皇后寝宫，其最东边两间房在清代被当作皇帝大婚的洞房，改造方式与暖阁做法一致，因而被称为"东暖阁"。

故宫内的火炕则是利用火地的热源，在建筑内（尤其是靠近窗户位置的区域）设置木制的长方体台座（可在不用时拆卸），便于帝后在冬天的日常起居活动。火炕在满族一直很盛行，它既是寝息的设施，又是取暖的设施。明思宗崇祯十七年（1644）清军入关后，满族皇室将火炕大规模的运用到了故宫的内廷建筑中。

养心殿东暖阁内的炕

养心殿内的炕

坤宁宫东暖阁内景

木墙板　抹灰墙体

墙体外的木墙板

故宫某古建筑墙体断面照片
墙体为实心砌筑，并不存在"夹墙"。

关于"火墙"的传言

关于故宫古建筑如何取暖，流传着一种"火墙"的说法。传言认为，皇宫内的墙壁都是空心的"夹墙"，俗称"火墙"，墙下挖有火道，添火的炭口设于宫殿外的廊檐下，炭口里烧上木炭，热力就可顺着夹墙温暖整个大殿；皇帝办公的三大殿（一般指太和、中和、保和三大殿）、养心殿以及部分寝宫的墙均是空心的，殿内地砖下面砌有纵横相通的火道，直通向殿外的地炉子。这些说法都是错误的，从工程实践来看，目前尚未发现故宫的墙体存在"火墙"。

"火墙"的说法应该是故宫"防火墙"的误传，大众把"防火墙"理解成了"火墙"，与故宫内的"火地"混为一体。事实上，故宫的前朝三大殿既没有"火墙"，也没有"火地"，皇帝冬天在三大殿举行重要活动时，主要用炭火盆取暖。

当然，故宫古建筑的墙体也属于重要御寒构造之一，墙体很厚，如太和殿墙体厚度达1.45米，可起到良好的保温隔热效果。部分内廷建筑墙体的室内一面还增设了木制墙板，墙体与木墙板之间的架空层可进一步阻止外来低温的入侵，有利于建筑内部保暖。

洗澡（浴德堂）

故宫西部有一座奇特的建筑，其材料非木材，而是纯砖砌的；其造型也非中国传统宫殿建筑样式，而是具有浓厚的阿拉伯风情。这座建筑名为浴德堂，位于武英殿的西北角，是故宫中极为少见的元代建筑。

浴德堂在明代为帝王斋戒沐浴的地方。古人在祭祀前沐浴更衣、整洁身心，以示虔诚。那么，为什么在紫禁城中会有一座元代的阿拉伯风格建筑呢？

中统元年（1260）和至元四年（1267），波斯建筑师亦黑迭儿丁参与元大都（元代的北京）的规划设计，他灵活运用中国古代建筑成就，并吸收了喇嘛教、伊斯兰教和蒙古族建筑风格，将波斯人的建筑理念引入中国内地。亦黑迭儿丁对元大都宫殿的规划和布局，主要参考了蒙古汗国首府哈拉和林城，并在其中设计了一座阿拉伯风格的浴室，即浴德堂。明永乐皇帝朱棣在元大都旧址上肇建紫禁城，拆除了大量的元代建筑，而浴德堂则幸运地保留下来了。

浴德堂

明初萧洵《元故宫遗录》记载："台东百步有
观星台，台旁有雪柳万株，甚雅。台西为内
浴室，有小殿在前。由浴室西出内城，临海
子。"书中描述的浴室即为浴德堂。

浴德堂室内券形墙面

美国作家菲利普·希提在《阿拉伯通史》中描述了公元10世纪巴格达澡堂的特点："环绕着一个居中的大厅，大厅上面，罩着一个圆屋顶，屋顶周围镶着许多圆形的小玻璃窗，让光线透进来。"浴德堂的造型与书中描述的高度相似，平面为正方形，边长为4米，方砖墁地。地面四边砖砌发券形成3.1米高的拱形墙面，墙面贴有瓷砖。在四面墙之间砌筑以对角线为直径的穹顶，穹顶高1.7米，仿佛一个完整的穹顶在四边被发券切割而成。整座建筑没有采用一根木料，也没有使用一根梁，因而又被称为"无梁殿"。浴室的重量完全由四个券承担，从而使内部空间获得了极大的自由。穹顶上方为突出屋面的圆形玻璃屋顶，屋顶高约1米。

供水

浴室的水源来自武英殿院墙外西北侧的水井。该水井口离地面高约2米，上方建造有方亭。井口直径约为0.2米，旁边有方形石槽与之相连，石槽另一端接长条状石槽沟，呈下降坡度向烧水灶房延伸。石槽沟穿过武英殿院墙，然后沿着烧水灶房的北墙铺设，再拐个弯，穿过烧水灶房的北墙，直接引入灶房内的铜锅。铜锅口

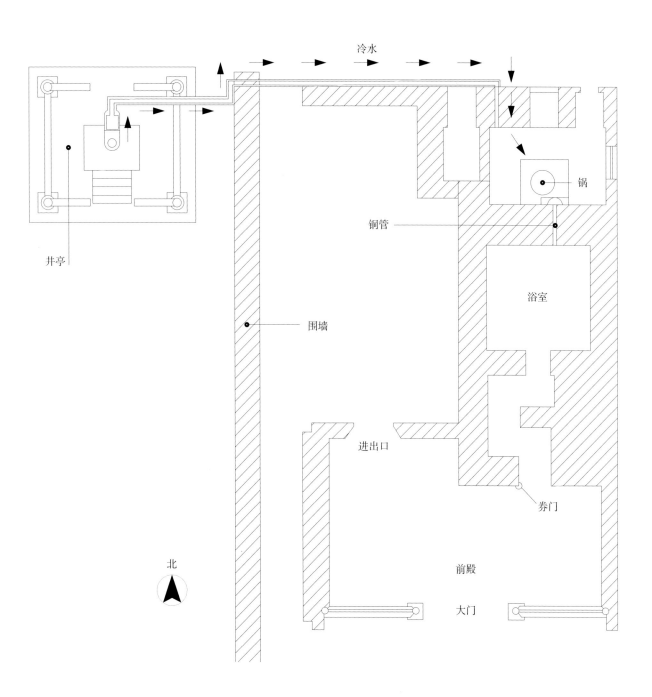

冷水

井亭

围墙

铜管

浴室

进出口

券门

北

前殿

大门

锅

浴德堂平面示意图

水井与水槽

铜锅与盛热水的石槽

石槽热水出口（内接铜管通浴室）

浴德堂的玻璃天窗

离地面高约1米，下设有炉灶，可将水加热至合适的温度，而后通过人工舀水的方式，将热水舀入烧水灶房南墙的石槽口内，而铜锅与南墙的石槽口相距不过1尺。该石槽口底部有小孔，小孔内嵌入了一铜管。由于浴室的北墙与烧水灶房南墙为同一面墙，因而铜管的出口就在浴室内的墙上。这样一来，热水就可以进入浴德堂的浴室内，供皇帝沐浴。上述供水系统利用井口与锅炉的高度差，使得井水被汲出后，自动由室外进入室内；同时，水又通过巧妙方式进行了加热，满足了帝王的洗浴需求。整个供水系统简单而又科学。

采光

浴室内的光线主要源于屋顶正中的玻璃天窗和玻璃屋顶，其平面投影的形状为圆形，直径0.6米。阳光通过玻璃屋顶投射入浴室内，浴室四周是白色的琉璃瓷砖，有利于光线的反射，浴室因此可获得较为充足的光线。这种顶部采光的方式既避免了墙壁开窗可能造成的隐私泄露，还营造出一种静谧的气氛。需要说明的是，与明清宫殿多用黄色琉璃瓦不同，元代宫殿用白色琉璃瓦，《元史·百官志》载有："窑厂。大都四窑厂领匠夫三百余户，营造素白琉璃瓦。"

浴德堂的玻璃屋顶

恒温

为保证皇帝沐浴时免受邪风凉气侵扰，浴室的恒温措施很重要，浴德堂在这方面的设计非常科学。首先，浴德堂的浴室位于前殿与灶房之间，浴室与灶房仅有引入热水的铜管相通，而皇帝要进入浴室沐浴，需从前殿的大门口进入，再拐弯进入浴室的门口，其出入通道的平面形状犹如弯折的尺子，邪风很难刮进来。其次，浴室四面的墙壁厚达1米，有很好的保温效果，因而有利于浴室内部温度的恒定。再次，浴室的天窗设在屋顶位置，既有利于浴室内部的换气，又不影响浴室内温度的恒定。此外，北京的冬天温度比较低，为保持浴室内部的恒温，浴室下有地暖，其具体做法为：浴室地面下有铁板，铁板下方为砖砌的沟槽。在灶房西侧有地暖烧火间，烧火间烧火产生的热气顺着砖砌沟槽循环流动，加热铁板，铁板的热量再传给地面，使得浴室内部在冬天非常温暖。

看戏（畅音阁）

看戏是古人的主要娱乐方式。明清帝后生活的紫禁城内有很多戏台，其中规模最大的是位于宁寿宫区域的畅音阁，它相当于古代的"国家大剧院"。

畅音阁是一座三层戏台建筑，从上到下依次为福台、禄台、寿台，而寿台还有台阶通往地下。每层戏台的面积约200平方米，可容纳数百名演员表演。皇帝、大臣及后妃为看戏的主要人员，他们除了欣赏演员的表演外，亦需要获得良好的听觉效果。皇帝通常坐在戏台对面的阁是楼内看戏，其位置与戏台间隔一个数十米宽的小广场，而后妃们则在戏台两侧的廊下看戏，古代没有扬声器或现代化的音响设备，那么帝后如何能够清晰地听到乐器和演员的声音呢？

畅音阁大戏台外景

地井

畅音阁有着简单又科学的"音响系统"，可满足个个听众的需求。首先是空井的共鸣效果。畅音阁寿台的木地板下有地下层。该地下层与地面用木板隔离，仅留出入口，形成一个相对封闭的空间。地下层在中央及四角共有地井6个，中间的为尺寸最大的水井，其余5个是空心地井。这5个空心地井就形成了畅音阁的"音响"，可产生共振，形成共鸣的效果。共振就是利用振动频率的"合拍"来有效地积聚能量而增强效果。畅音阁的5个地井就相当于5个共鸣箱。当乐器或演员发声时，共鸣箱的箱体和其中的空气，会引起空井产生共振效果。地井可以同许许多多频率发生共振，不同演员、不同乐器发出的不同频率声音，首先对5个地井进行"推引"，很快使空井一起振动，然后它们一起扰动空气，便有较大的声音向外传播。

根据《墨子·备穴》记载，古代士兵在城墙根下每隔一定距离挖一深坑，坑里埋置一只容量有七八十升的陶瓮，瓮口蒙上皮革，让听觉聪敏的士兵伏在这个共鸣器上听动静，遇有敌人挖地道攻城的响声，士兵不仅可以觉察到敌人，而且还可根据各瓮的响来识别敌人的方向和远近。这种蒙上皮革的陶瓮扩音与畅音阁地下层的地井扩音的原理完全一致。

畅音阁地下层东北角地井

畅音阁地下层西南侧地井

共振是一种十分普遍的自然现象。一个具有弹性的物体在受到外力的作用之后便会发生振动，物体的性质不同，其共振的节拍就有所不同，而当外力的振动节拍与这个物体自身固有的振动频率"合拍"时，物体便会产生大幅度的振动。比如一个人荡秋千，另一个人推，推的人只需每次秋千到达最高点的时候施加一点力，就可以把秋千荡的很高。只需周期性地施加一点力，就可以维持一个很大振幅的振动，前提是施加力的频率必须符合这个系统本来的振动频率。

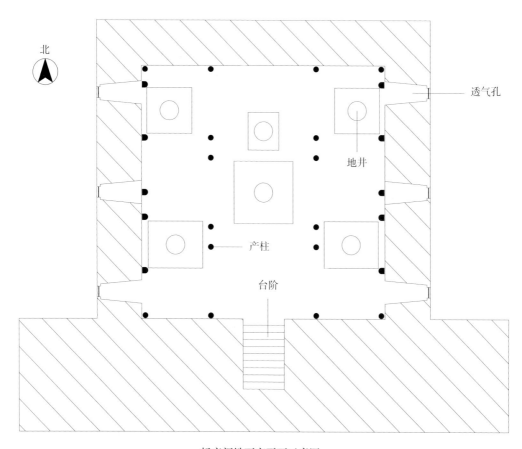

畅音阁地下室平面示意图

水井和藻井

　　畅音阁的水井和藻井还可产生混响效果。水井是指位于畅音阁地下层正中位置的水井，而藻井则是指位于寿台天花板正中的往上凹进的构造。水井和藻井均能产生混响的效果。声音在传播的过程中如果遇到了障碍物会被反射回来，这种现象被称为声音的反射。被反射回来的声音再次被我们听到，就形成了回声。声源停止振动后，声音的反射使得声音依然在传播，使我们还能在一定的时间内听到声音，这种现象被称为声音的混响。混响是重要的声效方式，如果不加混响，声音会发干，

畅音阁透气孔（下图为由内向外看）
透气孔相当于音响的喇叭，声音被放大后从此处传出。

畅音阁地下层南视（中间水井）

畅音阁藻井

畅音阁藻井仰视

听觉效果就不佳。自然混响恰到好处，让人在听觉上有愉悦感，合理的延时不仅不会产生音染，还会让声音更加清晰。混响是由声音反射引起的，畅音阁的戏台主要通过水井和藻井实现反射并产生混响效果。水井的水位高低，可以调整混响音调的高低。水井的水越多，则水井中形成的空气柱振动频率越小，因而反射的声音越低沉浑厚；相反，水井内的水越少，则水井中形成的空气柱振动频率越大，反射的声音清脆明亮。畅音阁的藻井犹如一个倒扣的大缸，这种大缸可以将演员的声音汇集，再集中反射出去，加重了声音的混响效果。

环形结构

　　畅音阁的环形结构还可以增强声音的响度和强度。从平面布置来看，畅音阁戏台两侧是大臣、后妃看戏的封闭长廊，对面是皇帝看戏的阅是楼，整个建筑群是一个封闭的环境。这种封闭，近似环状的建筑群

布置有利于声音的传递。戏台上演员的声音可在上述建筑之间反射，有利于听觉接收。而故宫建筑通常有磨砖对缝的墙体和光亮的琉璃瓦，有利于声音的反射，并减少声音的吸收，营造出良好的听觉效果。

畅音阁院落东视

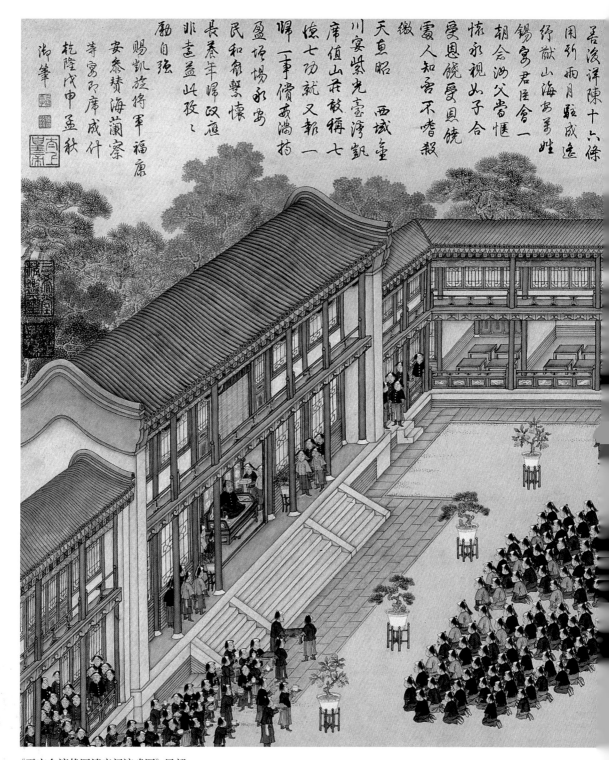

吾後詳陳十六條
用兵雨月駿成逢
特獻山海安羌姓
胡會泗父當惜
錫家君臣舍一
怀永視此子合
受恩饒受恩饒
雲人知吾不嗜殺
徹
天垂昭 西域皇
川宴紫光臺灣凱
席值山莊敢稱七
遠七功就又報一
歸一事價我滿拍
盈埸塲永安
民和衆歡懷
非壺益此孜之
長養年歸政廑
勳自强
賜凱旋將軍福康
安泰讚海蘭察
等寫阿席成什
乾隆戊申孟秋
御筆

《平定台湾战图清音阁演戏图》局部
描绘的是皇帝在承德避暑山庄内的清音阁看戏的场景，其建筑布局与畅音阁建筑群非常相似。

内部空间

　　公众对于故宫古建筑的外观都很熟悉，但是故宫古建筑的内部空间却一直保持着神秘，内部空间如何分割、如何布置？帝后房间里有何陈设？内部空间的设计与帝后的生活息息相关，它也是建筑设计中的重要环节，彰显了古代工匠的建筑智慧和审美追求。

内部空间的分割与设计

　　故宫古建筑的内部空间，基于建筑功能的不同而采取灵活巧妙的空间布置方式。前朝建筑多为帝王举行重要仪式的场所，其内部空间开阔，格局布置对称而又宽敞，巧妙地采用柱子分割空间，以少而精的空间设计语汇渲染肃穆隆重的气氛，既能满足皇帝举行重要典礼的需要，又能体现前朝建筑的高大和雄伟。

太和门柱网空间

重华宫花梨木透雕缠蔓葫罗落地花罩

对于内廷建筑而言，其多为帝后生活场所，隐私性较强，建筑内部空间格局采用狭小的不对称形式，有一种活泼、轻松的气氛。这种空间使相邻空间和自然环境相互连通、延伸与穿插。隔罩是后宫建筑分割室内空间的重要形式。典型的隔罩有落地罩、栏杆罩、几腿罩、炕罩等。这些隔罩可产生框景的效果，加大空间的层次感。其分隔巧妙，变化丰富，通过空间的组合、对比，构成空间的过渡和转换，而多个空间既相贯通，又自成一体，创造出适宜的气氛和活动空间。

坤宁宫喜房隔罩

山神开山　山巅上还雕刻有山神开山的造型，把神话和现实巧妙地结合在一起，产生了画龙点睛的效果。

摆锤的运用　玉山侧面的中下方，两名工匠利用铁索和铁球制作了摆锤，将摆锤拉到一定高度，然后释放，使得摆锤在下降过程中撞击山体。这样有利于解决山体陡峭位置人工剔凿难度大的问题，是"借力使力"方法的科学运用。

内部空间的陈设

　　故宫内部空间的陈设也是故宫古建筑的重要组成部分，这些陈设或精巧或华美，在点缀帝后生活之余，还彰显了皇权极致的审美追求。

◎ 乐寿堂"大禹治水玉山"

　　故宫室内陈设珍品有上百万件，其代表之一即为宁寿宫乐寿堂的"大禹治水玉山"。玉山长0.96米，高2.24米，重达5000公斤，放在高为0.6米的褐色铜铸基座上，是紫禁城内体量最大的玉雕。玉山的材料属于致密坚硬的青玉，产于新疆和田弥勒塔山，由乾隆四十六年（1781）被发往扬州，在建隆寺内雕刻，历时七年雕刻完成，再由京杭大运河运送进京。玉山刻的是大禹开山疏洪导水的故事。在悬崖峭壁上、苍松遍布的大山中，大禹率领众多工匠开山泄洪。整个玉山刻有开山场景十余个、劳作工匠五十余名，山巅处还刻有几个神怪，以及奔向湖泊的动物。在这丰富的劳动场景中，工匠们或凿，或钉，或压，或撬，或锤，或撞，展现了诸种科学的营造手段。

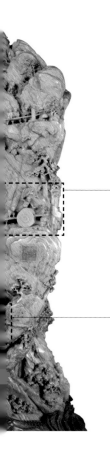

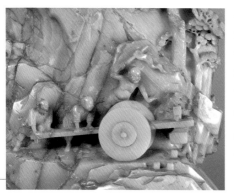

车轴的运用　玉山正面的上侧，有三名工匠将两轮车的车板改装成一根杠杆，杠杆的一端安装钉楔子的铁锤，另一端由工匠控制。由于支点固定在车轴上，当车轴控制车轮前行时，支点亦随着前行。如果预设的楔子在一条直线上，当各楔子被锤入山体后，就可使山体产生刀切一般的齐整效果。这个做法与开凿石料的传统"劈"法完全一致，反映了古代工匠将机械运动与物理学结合的营造智慧。

杠杆的运用　玉山的正面中下方，两名工匠共同用长杆撬动一块已用绳索绑好的巨石。其中，长杆支点与巨石作用点的距离远小于支点与工匠施加压力的位置，这使得巨石能被两名工匠轻松撬动。而且杠杆的运用使得工匠所用的力为向下的压力，无须直接上举巨石就可以使之移动。

首先是杠杆的科学运用。所谓杠杆，就是一根有支点的长杆，支点离作用力距离越远，所需的作用力越小，反之越大。工匠巧妙地运用了杠杆原理来进行开山。

其次是摆锤的科学运用。所谓摆锤，就是悬挂在绳子上可往复摆动的垂球，其在下降过程中可产生很大的冲击力。工匠巧妙地运用了摆锤原理来进行开山。

其三是车轴的科学运用。车轴是控制车轮运动的工具，古代工匠巧妙地利用它进行山体切割。

"大禹治水玉山"的造型还体现了中国古代工匠精湛的雕刻技艺。整个玉山采用浮雕与立体雕相结合的方法，充分利用了玉料天然的纹理和多变的色彩，把嶙峋叠嶂的山峰、苍翠参天的古木、蜿蜒通幽的小路、形态各异的人物形象完美地融合在一起，层次分明，凸凹有致，构成一幅生动自然的盛大画面。尤为突出的是在悬崖峭壁间成群结队的人物，他们手持不同工具，挥汗如雨，奋力开山凿石，场面恢宏，气势非凡。指挥者大禹位于玉山正中，其他工匠分布在大禹周围，各个人物五官清晰可见，衣着线条流畅，表情丰富，动作活灵活现。

◎ 倦勤斋通景画

倦勤斋位于紫禁城宁寿宫花园北端，建于乾隆三十八年（1773），是乾隆皇帝为其退位后做太上皇而建造的。建筑由东五间、西四间两部分组成，其中西四间室内的西端面东有一个戏台，围绕戏台的西墙、北墙及顶棚上有一幅通景画。通景画又叫"贴落画"，是清代乾隆时期皇宫最常使用的一种室内装饰画，其主要特点是在纸、绢上作画，然后贴满整个墙体和顶棚。倦勤斋内的通景画覆盖面积达到170平方米，由20余张画片拼接而成，是目前世界上规模最大的通景画。该通景画由意大利画家郎世宁和他的中国学生们借鉴欧洲教堂的全景画形式而创作。

倦勤斋室内的通景画富有艺术特色。西侧墙体上绘制的是斑竹搭架的院墙，墙后远山，山石高耸，树木成林。此外，上

倦勤斋室内的通景画

倦勤斋顶棚绘画的紫藤萝

倦勤斋整个顶棚被画成了一座斑竹搭成的藤萝架，绿植缠绕的架子上，悬挂着一串串粉紫相间的藤萝，藤萝的鲜花绽放，映衬着蓝蓝的天空。

述图案还有着浓厚的中国传统寓意，如藤萝寓意子孙绵绵，牡丹寓意富贵，仙鹤寓意长寿，两只喜鹊寓意双喜临门等。

倦勤斋的通景画在形式上与西方的全景画一脉相承。全景画于18世纪在英国诞生，其画风特点即按照一定的平面或曲形背景绘制，画面环绕观众，展现连续性的叙事场面或风景。全景画用于室内顶棚时，又被称为"天顶画"，这些画多以宗教、神话传说和历史事件为主题，并配合穹顶的内部结构进行创作。天顶画由于没有地平线作为观看者的参照，因而观看者是没有"视觉中心作用力"的，可以产生上升或下降的心理感受。西方全景画一般采用焦点透视法，即平行线条都将按一定的走向和规律消失于画面上或画面以外的某一点。

在作画起稿的过程中，为使焦点透视准确无误，需要在画面上画出线条或用线拉出线条来，因而这种画法又被称作"线法画"。这种绘画方式初期多用于西方教堂及皇室贵族的建筑中，后于清中期由传教士传入中国，并深受帝王喜爱。在西洋传教士画家的影响下，透视画法进入清代宫廷，并且运用于贴落画上，形成通景画这一特殊种类。

尽管倦勤斋的通景画有着浓厚的西式绘画风格，但与西方的全景画有着明显的区别。从绘画主题角度讲，西方的全景画多为宗教主题的内容；而清代宫廷通景画毫无宗教的含义，主要描绘自然景色及宫廷生活，具有一定的吉祥寓意。从绘画风格角度讲，西方的全景画采用的是焦点透

视绘画法，画家往往从固定的视点出发，真实再现所看到的景物和空间关系，绘画中的阴影投射和明暗对比创造了三维空间，明暗反差强烈；清代宫廷通景画的透视感主要体现在建筑物上，落实于画纸时，并非以唯一的视点进行再现，画面中的景物安排体现了画家视线的流动，画中人物、花鸟等采用传统画法较多，虽有明暗但不强烈，其主要原因在于乾隆皇帝认为阴暗的光线是在污损画面。郎世宁及他的中国学生们用光线突出最重要部分以代替光线与阴影的效果，创作出的画面仿佛布满正午阳光，有一致的光源，形成了明亮的效果。从绘画方式的角度讲，西方的全景画采用的颜料为西方油画颜料，画师直接在墙壁和天顶上作画；清代宫廷通景画不仅使用中国传统的绢与矿物质颜料，而且采用中国传统的裱糊方式，可谓在"西法中化"的过程中又进了一步。

倦勤斋北墙的通景画

北墙上绘制的是一处宫中庭院，院内有斑竹搭成的透空篱笆墙，每根竹竿富立体感；墙上有一个圆形的月亮门，门外有一只丹顶鹤正在梳理羽毛，高处两只喜鹊翩翩起舞；远处还可以看到红色的宫墙和金碧辉煌的宫殿，宫殿的屋脊与蓝天白云互为映衬；该场景亦真亦幻，给人一种身处室外，欲穿过月亮门而迈入仙境花园的感觉。

警报系统

故宫占地面积约72万平方米，有房屋9000多间（4根立柱围成的空间为一间房），建筑群外围有10米高的城墙，城墙外还有50余米宽的护城河，是北京城内的"城中之城"。故宫建筑的地位，以及建筑使用者的特殊身份，使得故宫在防火、防盗等方面有着极其高的要求。古代的科技水平没有现代发达，皇宫内一旦出现警情时，古代故宫的护卫人员有什么方法来报警并及时传达讯号呢？

石别拉

"石别拉"为满语，意为"石海哨"，是清代警报系统中的重要一环。石别拉由在紫禁城内被大量使用的栏板望柱头改造而成，主要利用莲瓣形状的望柱头进行改造。望柱俗称栏杆柱，是栏板和栏板之间的短柱。普通的莲瓣望柱头内部是实心的，而清代工匠在制作石别拉时，将其内部挖空，犹如一个空心葫芦。据史料记载，顺治帝命侍卫府在外朝、内廷各门安石别拉，分多围布置：乾清宫、坤宁宫、宁寿宫、慈宁宫为内围；神武门、东华门、西华门为外围；乾清门、景运门、隆宗门为前围；三大殿（太和殿、中和殿、保和殿）、协和门、熙和门为后围。每当遇到外敌入侵、

协和门内石别拉

牛角喇叭

空心部分

石别拉使用示意图

故宫的警报系统有多重要?

故宫古建筑以木结构为主,建筑采用木梁、木柱、木屋架作为核心骨架,外面还饰以油饰彩画,很容易产生火灾。除此之外,为防止古代皇室人员的安全受到威胁,及时发现、阻止外敌或刺客入侵极其重要。

协和门外石别拉

战事警报或是火灾,护卫人员将约10厘米长的"小铜角"(一种牛角状的喇叭)插入石孔内使劲地吹,石别拉便会发出类似螺声的"呜、呜"警报声,浑厚嘹亮的声音传遍整个紫禁城。宫中其他人员听到警报声后,立刻备好武器,在指定地点集合并开展防御行动。

石别拉在建筑学上很有特色,巧妙地利用了紫禁城各个庭院内的栏板望柱头作为警报装置,兼有实用和欣赏的双重功能。一方面,对部分望柱头开孔使之成为警报器,赋予这些望柱头以实用性功能;另一方面,这些望柱头的形状和纹饰并未改变,起到了很好的装饰作用。由于历经数百年,许多石别拉的孔洞被泥土堵塞后替换成实心望柱头,因而如今故宫内的石别拉已不

多见。但是石别拉的应用,可以说是紫禁城建筑艺术与建筑智慧结合的一个典范。

口头传递

紫禁城内有大量的值守人员和护卫军,日夜进行巡逻,一旦发现警情,则立刻通过口头传递方式报警。在清代,为便于紫禁城内的护卫人员之间及时互通信息,还有"传筹"的做法。所谓"筹",就是一根木棍,护卫人员通过交接"筹"来报平安。在中国国家博物馆还珍藏有一幅清代的《紫禁城传筹图》,该图显示,在清代紫禁城里,紫禁城内的汛地(哨所)至少有58处,每天晚上有官兵656人巡逻,在紫禁城内

有5条固定的路线进行夜巡，值守官兵通过传递筹的方式来进行信息联络，一旦有警情，立刻大声喊话，及时传达警情。如清代官书《国朝宫史》卷四记载，乾隆二十六年（1761）农历九月初四凌晨，寿安宫内遮阳的草席着火，被传筹巡逻的护军发现，护军急忙大声呼喊值班的太监灭火。另末代皇帝溥仪在《我的前半生》的第二章里，写道："每当夕阳西下，紫禁城进入了暮色苍茫之中，进宫办事的人全都走净了的时候，静悄悄的紫禁城中央——乾清宫那里便传来一种凄厉的呼声：'搭闩，下钱粮（下锁），灯火—心—！'随着后尾的余音，紫禁城各个角落里此起彼伏地响起了值班太监死阴活气的回声。"这种互相口头传递的方式，是古代故宫护卫人员报警的重要方式。

摇铃

在故宫城墙与护城河之间，有一排排的长房，它们在明代被称为"红铺"，在清代改称为"围房"。这些长房之所以最初被称为红铺，主要是因为它们的墙面颜色为红色。明代红铺主要充当哨所功能，内有哨兵负责守卫皇城的周边。各红铺之间的哨兵，通过摇铜铃的方式来传达警情。据《酌中志》卷十七记载：紫禁城的城墙外有36处红铺，每天晚上都有大臣一名，在午门东侧的阙左门值班，负责对红铺警卫人员的管理；而警卫人员每隔两小时，都要提着铜铃，围绕着城墙巡逻。如果发现警情，则摇铃报警。据清代光绪朝《钦定大清会典事例三》之《内务府三十三》记载，

东华门外的围房

清代雍正时，围房除了用于哨所外，还用于存储档案、生活用品，同时还是激桶处的所在地。激桶处其实就是今天的消防队。激桶是灭火工具，其中有一种类似今天小朋友的玩具水枪，通过大小两个竹筒相套，首先由小竹筒吸水，在需要灭火时将水推出即可。激桶不大，但使用方便。中国古建筑多为低矮造型，一旦有火警，消防人员可使用激桶发挥灭火作用。

东华门、西华门外空闲地围房内，曾经各安放激桶四架，每天都有官员率领消防队员值班，一旦紫禁城内发生火情，消防人员接到报警后，立刻进入紫禁城内灭火，而紫禁城外消防人员接到的警情，主要通过摇铃传达。

激桶之水龙

激桶之唧筒

故宫博物院藏灭火激桶

信炮

信炮即通过炮声来传达讯号的警报方式，清代在京城采用。清代满族统治者在盛京（今沈阳）时，要求清军以鼓为号，发生紧急情况时，以击鼓来紧急集合。顺治元年（1644），清军入关，开启了清朝统治。由于京城幅员辽阔，顺治帝下令在紫禁城北面的煤山（今天的景山）安放信炮，以传达警情。顺治十年（1653），顺治帝认为天下太平，重大警情不多，因而下令把信炮位置移到了紫禁城西北角的北海白塔山上，在白塔山上安放信炮5门，立旗杆5根，如遇到紧急情况，放炮为号。京城内9门（朝阳门、崇文门、正阳门、宣武门、阜成门、德胜门、安定门、东直门、西直门）亦各有信炮5门，白天挂黄旗，晚上悬灯笼，随手候命。只要白塔一放炮，内九门也跟着放炮，发出警报讯号。一旦放炮，紫禁城的护卫按如下规定集合听令：凡是不值班的大臣和侍卫，率领本旗亲军营兵，镶黄旗在东华门外集合，正黄旗在西华门外集合，正白旗在神午门外集合；内务府参领、佐领率兵在神武门外集合，都统、前锋护军统领在午门外集合，各王公门上章京、护军等集门府听候传唤。根据清嘉庆年间《白塔信炮章程》记载，清初期信炮由八旗都统管辖，乾隆八年（1743）改由步军统领管理，并设总管1人、信炮官8人、领催4人、炮手8人、步兵16人。

白塔山信炮

3

布局与风水

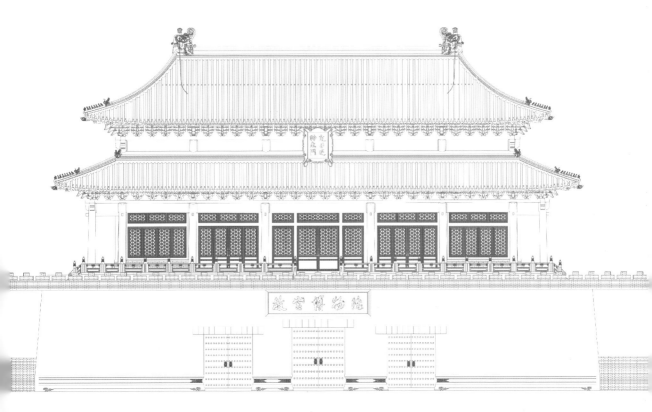

景山与内金水河

镇物属于中国民俗文化的组成部分，在故宫营建中亦充分体现。紫禁城帝王为巩固其统治地位，在紫禁城建筑布局方面采用了多种形式的镇物，这些镇物既体现了传统文化的内涵，亦包含部分科学内容，景山与内金水河是其中的代表。

景山

位于故宫北面的景山，高约43米，在明朝由人工堆土而成，是明朝灭元朝"王气"、巩固政权统治的镇物。

明永乐年间，朱棣下令拆除元朝宫殿，在其址上肇建紫禁城，将废砖渣土及挖护城河的泥土在紫禁城的背面堆起一座小山，并命名为万岁山，俗称"镇山"，镇山的位置恰为元代中轴线上之延春阁。清朝学者吴长元撰有《宸垣识略》，其中的第三部分对镇山的来历有详细记载。

镇山并不能巩固明朝的统治，它甚至见证了明朝的灭亡。明末清初学者计六奇在其撰写的《明季北略》卷二十部分，记载了明朝最后一个皇帝朱由检在李自成攻破北京城后，吊死在镇山寿皇亭旁边海棠树下的历史。万岁山在清顺治十二年（1655）

被改名为景山，该名称一直沿用至今。

景山不仅仅体现了明代"强政"的镇物文化，而且具有科学实用的功能。景山的营建，有利于避免紫禁城在冬天遭受过大的寒风侵袭，可认为是避风的"镇物"。北京属于暖温带季风性气候，冬季则以北风为主。景山在紫禁城的北面，东西绵延数里，正中的主峰高40余米，形成一道屏障，在冬季时可阻挡北风侵袭。紫禁城内冬天少有呼啸大风，离不开景山的避风作用。

景山

内金水河

武英门前内金水河

故宫内有河，河水源于北京西郊玉泉山，从故宫西北角城隍庙附近引入，沿着西河向南流至西华门附近，再东折穿过太和门广场，最后从东华门附近出宫，汇入筒子河，全长2.1公里。由于河水从故宫西北角流入，而西方在五行中被称为"金"，故该河被称为"内金水河"，名称与天安门前的外金水河对应。内金水河是明清帝王强化统治、巩固城池的表现形式。其外形犹如蜿蜒的巨龙护佑故宫，河中碧波又增添了故宫的"灵气"。除此之外，内金水河还发挥着防火、排水等重要作用，因而是故宫内的重要"镇物"。

内金水河是故宫古建筑灭火的主要水源。防火是故宫古建筑面临的首要问题。内金水河在开凿之时，其形状弯弯曲曲，就是为了充分接近各个古建筑，使得古建筑一旦发生火患能够及时获得水源。位于文华殿以北的文渊阁，为乾隆帝珍藏《四库全书》的"皇家书库"。阁前有内金水河通过，主要用于隔火及救火。

内金水河还有利于避免故宫内积水。北京六七月进入汛期，多水患。故宫地势北

太和门广场前内金水河

高南低、西高东低,因而排水的方向为西北向东南方向,这与内金水河的流向相同。雨水落到各个院落的屋顶后,由屋顶排向地面;地面的雨水或直接排入与之相邻的内金水河,或者流入明沟,再顺着地势通过雨水口进入暗沟,通过暗沟汇入到内金水河。内金水河的雨水从东华门区域的出水口出宫,流入筒子河,再汇集到通惠河。这样一来,故宫的地面就不会积水,从而使得宫廷内的各种活动几乎不受下雨的影响。

《酌中志》卷十七有关于内金水河的记载:这条河的开挖,并非为了闲暇赏鱼,也并非因皇室财力雄厚而故意把河道开凿成弯弯曲曲形状,其主要目的就是为了充分接近重要的宫殿;这些宫殿一旦失火,河就是救火的重要水源。同时,书中还列举了天启四年(1624)六科廊(靠近太和门处的内金水河)、天启六年武英殿西油漆作(靠近武英门处的内金水河)的火灾扑救,均使用的是内金水河的水。

东华门区域内金水河

文华殿西南区域内金水河

故宫西北—西南段内金水河

内金水河东南角出口

镇物文化的其他表现

养性殿房梁上的钱龙

养性殿的房梁钱龙

养性殿房梁上的钱龙是典型的镇物代表。建于乾隆三十七年（1772）的养性殿，位于故宫东北部，是乾隆帝退位后的寝宫。养性殿的房梁上有一条"钱龙"，位于明间脊垫板的侧面，由铜钱串成龙的造型。该钱龙长约2米，张牙舞爪，做腾云驾雾状，形象威武。钱龙上方的脊檩侧面，挂有大长条红绸缎，有浓厚的喜庆之意。养性殿房梁的钱龙是中国迎祥纳福文化的体现。

故宫宝华殿屋顶宝匣中的铜钱

钱龙属于中国古代厌胜文化。厌胜是古代迷信行为，即通过某种物件来压制使用者认为的故害鬼魅，以达到消灾纳福的目的。厌胜物与镇物近似，较早出现在东汉史学家班固所编的《汉书》里，其卷九十九载有王莽制作的一个北斗形状的器物，名为"威斗"，打仗时用来做退兵的厌胜物。古代工匠在建筑施工快要完成时，往往会在房梁（屋顶）安放不同类型的厌胜物，铜钱即为其中之一。清代官书《日下旧闻考》卷三十六载有明代北苑广寒殿"梁上有金钱百二十文，盖镇物也"。《清初内国史院满文档案》顺治八年（1651）十二月初八日记载，是日顺治帝下令将承天门改为天安门，挂牌匾，置金银钱于木梁上，并派工部尚书固山额真行祭祀礼。厌胜钱一般用的是非流通的货币，主要用于吉利品或辟邪品，其文字和图案都有特殊的意义。养性殿房梁上的铜钱直径约为2.8厘米，呈外圆内方孔形，寓意"天圆地方"；铜钱上有一道一道的挫痕，说明是新铸的铜钱，并没有流通使用；铜钱上还刻有"乾隆通宝"字样，说明为乾隆时期制造。故宫内其他宫殿如宝华殿、慈宁宫、养心殿等建筑屋顶内也有厌胜钱，多置于宝匣中，铜钱上有"天下太平"汉、满文字样。上述铜钱在建筑屋顶上使用，寓意帝王对国泰民安的祈盼。

钱龙上方的红绸缎则反映了"上梁大吉"的民俗文化。中国古建筑的施工到了安放屋顶大梁的工序时，工匠们会

2001年延春阁复建工程的上梁仪式

举行一个隆重的仪式，来表达对建筑稳固长久的祈盼，这种仪式即"上梁大吉"。安放大梁是古建筑施工的一项重要工序，是建筑施工收尾的关键阶段，决定了建筑整体的施工质量。大梁安放位置准确、接缝严实，建筑整体才能稳固长久。中国民间俗语"上梁不正下梁歪"的本意也是说明"上梁"安放的重要性。乾隆时期养性殿的营建也包含"上梁大吉"民俗。《清宫内务府奏销档》之"奏为宁寿宫殿宇梁吉期应行仪注事"载有养性殿上梁大吉的相关礼仪，包括选择上梁吉日吉时、说吉语、举行祭祀礼仪以求天神护佑、赏赐工匠、在大梁上批红缎等。"上梁大吉"习俗至今在紫禁城古建筑修缮保护工作中仍得到了传承。

太和殿藻井之上的符板

符板近照

符板正面

符板背面

太和殿的镇殿灵符

太和殿屋顶里的镇殿符板也是一种镇物。符板位于藻井之上，与帝王宝座上下呼应。符板宽约23厘米，高约37.5厘米，由梨木制作而成，前面还有香炉、烛台、灵芝等供器。根据清代宫廷《造办处各作成做活计清档》记载，此符板作为镇殿神符，于雍正九年（1731）八月十二日安放。在此之前，雍正帝患重病，江西龙虎山道士娄近垣在故宫钦安殿设坛礼斗，以符水驱邪方术，使其病症缓解。雍正帝对神符的"功效"深信不疑，下令安放符板，希望借助符板的"神力"来消灾驱邪，并巩固他对天下的统治。

太和殿符板正面从上到下分为四层，前三层属于佛教内容，第四层属于道教内容。最上面一层为"佛说大威德八字秘密心陀罗尼"经咒，该经咒认为文殊菩萨能够护佑皇帝统治的国土安宁，各种灾祸自然消除，皇帝及其家人平安吉祥。第二层为12尊神的名字，这些尊神均源于东晋时期天竺藏佛经《佛说灌顶经》，且文中载有"若有邪神恶鬼往来入宫宅中者，见此神王名字镇函之处，莫不退散驰走者也"，可说明这12尊神的主要作用是镇殿护宅。第三层由左、中、右三部分组成，左边为大白伞盖心咒，中间为十相自在牌，右边为六字真言咒，三者在佛教中均被认为具有消灾解难、遇难成祥的功效。第四层为道教的璇玑八卦图，含八卦图与北斗九星。其中，八卦图在道教中代表宇宙万物，北斗九星即北斗七星（天枢、天玑、天璇、天权、玉衡、开阳、摇光）加上辅、弼二星组成，在道教中掌管世间之厉鬼，被认为是控制人寿命的神符。符板背面刻有道教"太上秘法镇宅灵符"字样，下面有灵符72道，内容主要为驱鬼、祛病、保家、长寿、富贵等。这些灵符源于明代官修道藏《正统道藏》洞真部神符，可认为是雍正帝消灾驱邪，迎祥纳福的72个愿望。

阴 阳

"阴阳"布局方式为故宫镇物的重要内容之一。阴阳思想属于古代哲学思想，是宇宙间各种事物对立而又统一的表现形式。故宫各个方位的建筑功能都与阴阳理念相符合。

前朝三大殿（太和殿、中和殿、保和殿）位于故宫的南部区域，是明清帝王行使国家权力或举行盛大典礼的场所，其中"三""南"均包含"阳"的内容；内廷后二宫（乾清宫、坤宁宫，交泰殿为后增加）位于故宫北部区域，是明清帝后的寝宫，"北""二"为阴；东部区域主要包括南三所、文华殿等建筑，是朝气蓬勃的皇子们学习和生活的场所，居住者年幼，"东""幼"为阳；慈宁宫、寿康宫等建筑是年衰岁暮的皇太后养老的场所，位于故宫的西区，居住者年老，相应的"西""老"为阴。

故宫里，"坐北朝南"是重要宫殿的建筑布局形式，即建筑的门窗主要位于南面，北面则主要是墙体。坐北朝南的建筑布局形式不仅符合道家"负阴抱阳"的阴阳理论，还有地理学方面的科学性。位于北半球地带，大部分地区在北回归线以北，太阳从东南方向升起，从西南方向降落，因而坐北朝南的建筑布局有利于建筑常年接受阳光照射；中国为季风型气候，夏天多刮南风，冬天多刮北风，因而坐北朝南的建筑布局在夏天有利于建筑内部通风，在冬天又能避免寒风的侵袭。

太和殿背立面 无窗

太和殿南立面

中国最早的一部诗歌总集《诗经》的《斯干》有"西南其户"和"哙哙其正，哕哕其冥"，意即王宫建筑采取面南的布置方式时，正殿宽敞明亮，配殿幽室也有光明。又如《周易·说卦》载有"圣人南面而听天下，向明而治"，即圣明的帝王均坐在坐北朝南的建筑里，面向光明的阳光而治理天下。

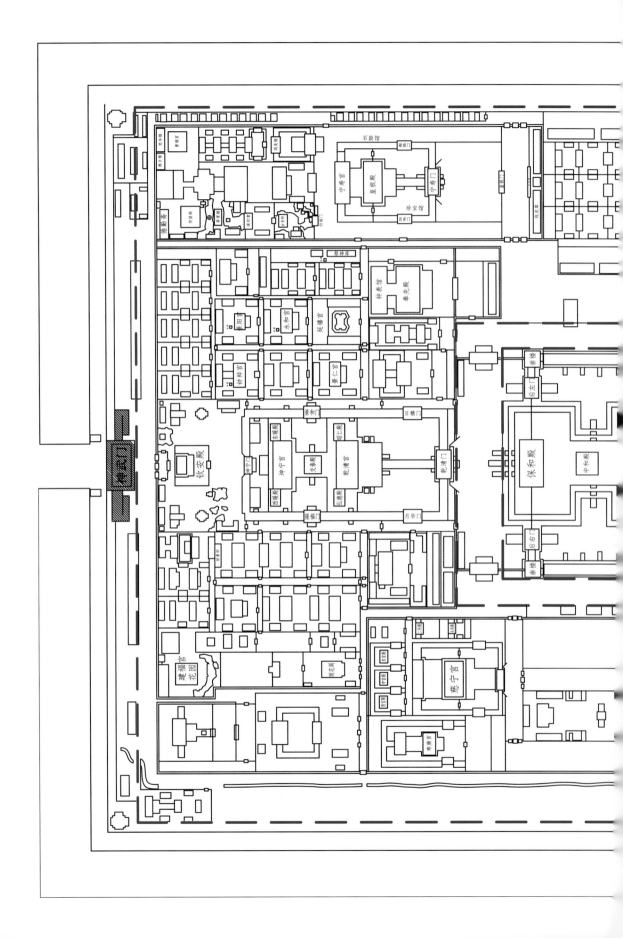

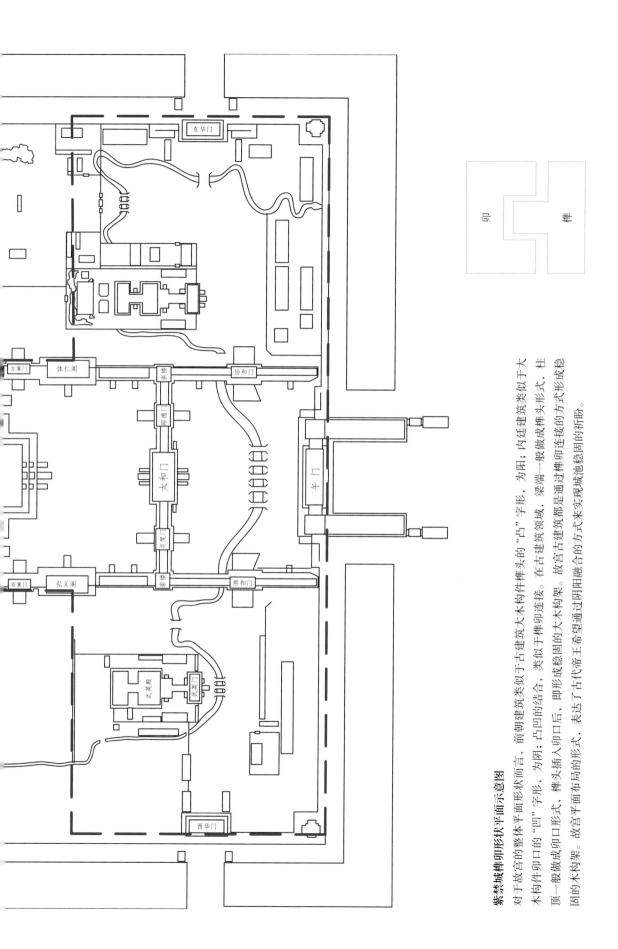

紫禁城榫卯形状平面示意图

对于故宫的整体平面形状而言，前朝建筑类似于古建筑大木构件榫头的"凸"字形，为阳；内廷建筑类似于大木构件卯口的"凹"字形，为阴；凸凹的结合，类似于榫卯连接。在古建筑领域，梁端一般做成榫头形式，柱顶一般做成卯口形式，即榫头插入卯口后，即形成稳固的大木构架。故宫古建筑都是通过榫卯连接的方式形成稳固的木构架。故宫平面布局的形式，表达了古代帝王希望通过阴阳融合的方式来实现城池稳固的祈盼。

三 垣

"三垣"是古人对星空的区域划分方式，包括太微垣、紫微垣和天市垣。故宫的建筑布局与"三垣"存在密切的对应关系，以此作为故宫的镇物。

"垣"在天文学术语中指的是星官（星座）的区域范围。中国古人为了便于观测星辰和天象，把星空中的若干个恒星归纳为一组，称之为星官（类似西方的星座）。"三垣"的星空划分方式较早地出现在《步天歌》（唐代天文诗歌）里，而《步天歌》通过七言押韵方式，把星空中283个星官、1645颗恒星分为三垣二十八宿。

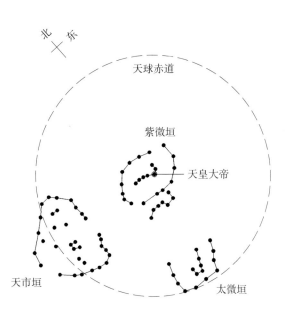

紫微三垣平面示意图

坤宁宫

紫微垣

　　紫微垣又名紫微宫，古人认为它是天帝的居所。紫微垣为三垣的中垣，位于北斗七星以北、北天极的中心。紫微垣有星官39个，与现代天文学中的大熊、小熊、天龙等星座对应。与天宫中的紫微垣对应，故宫的内廷中轴线区域有乾清宫、交泰殿、坤宁宫3座宫殿，与中轴线两侧的东西六宫12座宫殿，组成15座建筑群，成为帝后的居所。皇帝的寝宫乾清宫，皇后的寝宫坤宁宫处于15座建筑群的中心，而交泰殿在明代为帝后行夫妻之礼的场所，其屋顶形式与"华盖"有着相似之处。

　　元代脱脱主持修撰的《宋史》卷四十九载有"紫微垣东蕃八星，西蕃七星，在北斗北，左右环列，翊卫之象也。一曰大帝之坐，天子之常居也"，意即紫微垣东边有8个星宿，西边有7个星宿，一共15个星宿；它们均在北斗星的北面，呈左右环绕排列之状，犹如护卫帝王的将士一般。还有说法认为紫微垣是天帝居住的地方，天帝的居所位于天宫中央，两边共有15星环绕。星官名称与紫微垣的功能对应，如"阴德"表示天帝后宫事务，"御女"表示天帝的嫔妃，"华盖"表示天帝所用的伞形遮盖物等。

乾清宫

交泰殿

太微垣

紫微垣的南部区域即太微垣，包含星官20个，与现代天文学中的室女座、狮子座、后发座等星座对应。与太微垣相对应的是故宫的前朝区域。其中，中轴线位置的三大殿即太和殿、中和殿、保和殿，与太微垣的明堂三星对应。太微垣中有"三台星"，表示天帝上下天庭的台阶，而前朝三大殿周边亦有三层台基，与"三台星"相对应。《晋书》卷十一还载有太微垣南部有端门星，其两侧分别为左护法、右护法星。故宫的建筑布局与之相似：三大殿以南有端门，端门东西两侧分别有左掖门和右掖门。

根据唐代官员房玄龄等人合撰《晋书》卷十一记载，太微垣是天宫中的官署所在地，是五帝处理行政事务的区域；也有说法认为太微垣是天宫中维持政法公平的场所。"五帝"即五个方位的天帝，包括东方青帝（灵威仰）、南方赤帝（赤熛怒）、中央黄帝（含枢纽）、西方白帝（白招拒）、北方黑帝（汁先纪）。

天市垣

紫微垣的东南部区域即为天市垣，包含星官19个，与现代天文学中的蛇夫座、武仙座、巨蛇座等星座对应。古人认为，天市垣是天宫中的集贸市场。《宋史》卷

太和殿

四十九评价天市垣为"天子之市，天下所会"，即天市垣为天上的市集，也是天宫中平民百姓居住的地方。因而天市垣的主要星官有市楼（管理市场的政府机构）、宗（执政的皇族）、列肆（宝玉及珍品市场）、斛（量固体的器具）等。与天市垣对应，故宫的布局也包括"内市"区域，与皇城以外的市场相区别。内市位于东华门以东500米左右的东安门区域，向北一直延伸到玄（神）武门附近，而东安门附近最为热闹，开市时间一般为每月初四、十四、二十四。内市多以拥有特殊身份的王公贵族、宦官宫人为主要服务对象，商品精美而丰富。清代官员宋起凤所撰《稗说》载有"物金玉铜窑诸器，以至金玉珠宝犀象锦绣服用，

东安门遗址

无不毕具，列驰道两旁"，无论是金银铜器，还是珠宝象牙，或是华美服饰等商品，均琳琅满目，摆放在道路两旁。不难发现，故宫的内市位于内廷区域（对应天庭中的紫微垣）的东南方向，与天宫中的星象布局完全对应。

中和殿

保和殿

四　象

　　故宫布局中的镇物还包括四象。四象是指古人把天宫东、西、南、北方位的星宿各想象成一种动物形象，以便于记忆。青龙表示东方，白虎表示西方，朱雀（即凤凰）表示南方，玄武（一种集龟、蛇造型于一体的神兽）表示北方。

"四象"在故宫的建筑布局中得到了充分而又巧妙的体现。午门是故宫的南大门，由北部的城楼和东西两侧的庑房组成，平面呈凹形，恰似张翅飞翔的朱雀。神武门是故宫的北门，其在初建之时命名为"玄武门"，与"四象"之玄武对应，清康熙时期，为避讳康熙的名字玄烨，"玄"才被改为"神"。

故宫中与"四象"之青龙对应的是位于今天安门前东侧的长安左门，而天安门是明清时期皇城的正门。长安左门在历史上曾被称为"青龙门"，与中榜考生有关。明清时期，由皇帝亲自出题的殿试会在太和殿或保和殿举行。在发榜日，皇帝会在太和殿内宣布考中进士的考生名单，这些名单被写在皇榜上。而高中进士的考生们，

午门

必须从长安左门进入紫禁城，接受皇帝的恩赐。随后，礼部官员手捧皇榜，在鼓乐仪仗引导下，从午门出宫，前行至天安门外，再向左出长安左门，贴在临时搭设的龙棚里。殿试前三名（状元、榜眼、探花）的考生可从午门正中间的门洞出宫，并身披红绸，骑着高头大马，游行于天街（今长安街）。其余考中进士的考生受邀在位于今北京市东城区安定门大街附近的顺天府衙宴饮庆贺。长安左门是明清考生在仕途上青云直上，"鲤鱼跳龙门"的象征。

《灵宪》载有左青龙、右白虎、南朱雀、北玄武的内容。"左"即东方，"右"即西方，"前"即南方，"后"即北方。上述每种动物形象均对应七个星宿，合称为"二十八宿"。据《周礼·冯相氏》记载，冯相氏负责观测二十八宿的位置，辨别和排位相关历法之事，并与天体运行的位置进行对照，所以西周时期的古人就把天象划分为二十八宿的做法。具体而言，青龙由角、亢、氐、房、心、尾、箕七个星宿组成；白虎由奎、娄、胃、昴、毕、觜、参七个星宿组成；朱雀由东井、舆鬼、柳、七星、张、翼、轸七个星宿组成；玄武由斗、牵牛、婺女、虚、危、营室、东壁七个星宿组成。

长安左门（1952年拆除）

朱雀瓦当

青龙砖

玄武瓦当

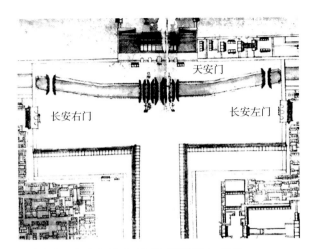

长安左门、长安右门平面位置（清乾隆十五年）

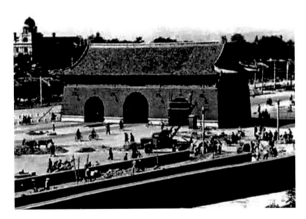

长安右门（1952年拆除）

故宫中与"白虎"对应的是天安门东侧的长安右门。长安右门是明清时期皇帝举行秋审的场所。秋审属于明清时期的死刑复核制度，即每年的农历八月中旬前后，皇帝在长安右门内的千布廊亲自面审各省上报的死刑犯，同时原审官也必须在旁边听审。如确有冤情的，皇帝发回地方重审；如案情属实的，则犯人在秋后问斩。明清时期处决犯人的地点不同，明代在西四，清代则在菜市口。秋审是皇帝加强中央集权的一种形式，反映了古代刑法对死刑的重视。在清代还有朝审制度，地点亦为长安右门内，由皇帝亲自终审。朝审与秋审的区别在于，秋审是复审死刑案件，朝审是会审死刑案件，时间略早于秋审。由上可知，犯人一进长安右门，就犹如进了虎口，受死的可能性极大，因而长安右门俗称"白虎门"。

长安左门和长安右门均位于今长安街上，在天安门外的东西两侧。

白虎砖

五 行

故宫建筑的整体布局与五行相对应。"五行"是古人认为与宇宙运行密切相关的五种元素，即金、木、水、火、土。五行与方位存在对应关系，金代表西方，木代表东方，水代表北方，火代表南方，土代表中央。"五方"又与"五色"有联系，即东方对应青色，西方对应白色，南方对应红色，北方对应黑色，中央对应黄色。

故宫的西部区域主要有寿康宫、慈宁宫等建筑，为皇太后养老的场所，与五行中的"金"对应。皇太后的年龄属于人生即将落幕的阶段，其人生的圆满收敛与"金"的寓意相符合。故宫东部区域建筑主要为南三所，为皇子们生活的场所，与五行中的"木"对应。皇子们的年龄属于人生成长阶段，与幼苗生长有着相似之处。故宫南部区域的午门，矗立在高高的城台之上，城台饰以红色，与"火"对应。故宫北部区域的天一门以及钦安殿，均与"水"密切相关。天一门的名字源于《河图》中的"天一生水"，而钦安殿内供奉的则是真武大帝（道教中的水神）。故宫的核心区域为三大殿，其平面形状组合成"土"字形，寓意明清帝王对江山的掌控。

《尚书·洪范》载有"五行：一曰水，二曰火，三曰木，四曰金，五曰土。水曰润下，火曰炎上，木曰曲直，金曰从革，土爰稼穑"。这句话反映了不同元素的不同特性，"金"可变革，"木"可生长，"水"可润物，"火"可升温炎热，"土"可种植庄稼。

西汉思想家董仲舒所撰《春秋繁露》的卷十一部分载有"是故木居东方而主春气，火居南方而主夏气，金居西方而主秋气，水居北方而主冬气，是故木主生而金主杀，火主暑而水主寒……土居中央，为之天润"。该观点阐明了五行与季节、五方的关系。

《礼记正义》卷二十九载有"色，谓天龟玄、地龟黄、东青、西白、南赤、北黑"。以上"五行""五方""五色"形成相互对应的关系。

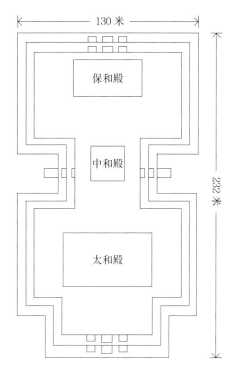

前朝三大殿"土"字形平面示意图

130 米

232 米

保和殿

中和殿

太和殿

《白虎通疏证》卷四对"五行相生"理论进行了解释说明：木生火，是因为木性温暖，火隐伏其中，钻木而取火；火生土，是因为火能焚烧木，木化为灰烬后即成土；土生金，是因为聚土成山，有山必有石，而金藏在石中；金生水，是因为少阴之气（金气）靠水生，销锻金也可变为水；水生木，是因为水温润，可以使树木生长出来。

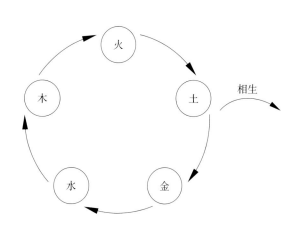

相生

五行相生示意图

五行相生

古人认为，五行的各元素之间还存在"相生"的关系，具体表现为：木生火，火生土，土生金，金生水。"五行相生"的理论在故宫的建筑布局中得到了充分体现，主要表现在以下五个方面：

◎ 金生水

故宫很多宫殿建筑的门前均放有铜（铁）缸，缸内盛水。之所以不用其他材料制作

缸，就是为了符合"金生水"的理念。另缸内存水还有实用的功能：提供救火的水源。上述宫殿一般距离内金水河或井亭较远，一旦建筑失火，缸里的水就能派上用场。

◎ 水生木

故宫北部区域在五行中属于"水"，而皇帝后花园之御花园位于北部区域，内有大量奇花异草和古柏老槐。这种建筑布局

御花园内景

御花园所在的北部区域在五行中属"水"，花园中的大量植物在五行中属"木"，符合"水生木"的布局理念。

太和殿台基上的香炉

故宫前朝三大殿所在区域在五行中属"土"，台基上的香炉在五行中属"金"，符合"土生金"的理念。

方式与"水生木"理念相符。

◎ 木生火

午门广场并没有种树（现有树为后载），其主要原因在于午门在五行上属"火"，古人认为在该位置种树会产生火患。

◎ 火生土

古人认为，五行中的"火"可用红色表示，"土"可用黄色表示。如先秦古籍《逸周书》卷三载有"五行：一，黑位水；二，赤位火；三，苍位木；四，白位金；五，黄位土"。故宫古建筑一般采用红色的立柱和墙体，寓意阳刚、炽热；柱、墙之上再为黄色的瓦顶，寓意皇权。红墙（柱）黄瓦的色彩表现形式与"火生土"理念相符合，寓意故宫里的将士护卫皇权。

◎ 土生金

故宫前朝三大殿区域在五行上属"土"。三大殿矗立在三层白色的台基之上，而白色属"金"，因而古人认为白色的台基利于巩固帝王的统治，即"土生金"。另台基上有铜质香炉十八座，铜属于金属，因而这种布局方式亦符合"土生金"理论。在古代帝王举行重要礼仪活动时，香炉中的烟云缭绕，营造出了神秘的意境，衬托出天子非凡的地位。

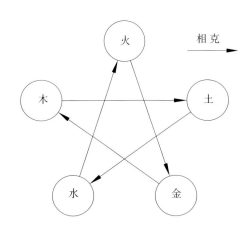

五行相克示意图

明代官员孙毅在所编的《古微书》卷二十二部分，解释了五行相克的原因，即"五行所以相害者，天地之性。众胜寡，故水胜火也；精胜坚，故火胜金；刚胜柔，故金胜木；专胜散，故木胜土；实胜虚，故土胜水也"。

五行相克

五行之间还有"相克（胜）"理论，即两元素之间的相互制约关系。隋朝阴阳家萧吉所撰的《五行大义》，其中的卷二载有"尅者，制罚为义，以其力强能制弱，故木尅土，土尅水，水尅火，火尅金，金尅木"。此处"尅"通"克"。木克土的主要原因是树木可在土中生长，破坏土的完整；土克水的主要原因是土堆可以阻止水的流动；水克火的主要原因是水可以灭火；火克金的主要原因是火可以将金属熔化；金克木的原因是金属制的刀具可砍伐树木。故宫建筑布局中的"五行相克"主要表现在以下三个方面：

外朝区域没有种树，民间有传言为防止刺客藏匿，这种传言是不对的，因为故宫内廷区域多有种树，而内廷区域的安防亦很重要。另有传言外朝不种树是为了衬托三大殿宏伟壮丽的气势，这种说法亦不正确，因为天坛、太庙、社稷坛等皇家建筑群内有多座雄伟挺拔的建筑，其周边却种植有大量树木。分析认为，故宫外朝不种树的主要原因，在于五行中的"木克土"避讳。古人认为，外朝区域属于五行之"土"，若种树，则会破坏"土"，寓意破坏皇权，不利于帝王统治。

故宫宫门上的门钉数量一般为九行九列，其中"九"为最大的阳数，寓意数量最多。然而，东华门门钉的数目却为九行八列，其中"八"为阴数。有观点认为东华门门钉之所以采用阴数，是因为东华门是皇帝驾崩后灵柩出宫的宫门。民国史学家章乃炜所撰写的《清宫述闻》，其中就载有顺治、嘉庆、道光等皇帝的灵柩由东华门出宫的内容，因而东华门又被称为"鬼门"，所以其宫门门钉数量为阴数。这种说法是不对的，因为明清帝后的陵寝大门，其门钉数量亦采用九行九列。东华门门钉采用阴数，主要原因仍为"木克土"的避讳。故宫的东部区域在五行上属于"木"，与之毗邻的三大殿区域属于"土"。古代工匠为避免"木克土"，将东华门门钉数量的列数由九改为八。这样一来，"阳木"就变成了"阴木"，不克土；且数字"八"为最大的阴数，亦有数量多的含义。

建于清乾隆四十一年（1776）的文渊

东华门正立面

阁，是乾隆帝储藏《四库全书》的书库。文渊阁位于故宫东部文华殿以北，前有内金水河流过。乾隆帝为防止文渊阁产生火患，充分考虑了"水克火"的理论：文渊阁的屋顶采用黑色，而黑色寓意水，因而是灭火的"镇物"；文渊阁上下两层，下层六间，

东华门正门门钉九行八列布置

上层一间，意为"天一生水，地六成之"，即数字"一""六"均在北方，与五行中的水对应，利于镇火；文渊阁天花板上饰以大量水生植物，它们是克制火灾的"镇物"；阁前的内金水河，可以阻断火势的蔓延。除了内金水河外，其他"水克火"的理念运用均缺乏科学性。

故宫建筑布局采用的"五行"及"五行相生相克"的方式，多为古人在生产力落后条件下的主观愿望，而缺乏科学依据。但是，其中体现的镇物文化有利于解读故宫丰富的建筑历史、文化和艺术。

七 星

摇光

　　"七星"是故宫布局中的重要镇物。"七星"即北斗七星，属于北半球天空的重要星象之一。其形状犹如盛酒的斗形勺子，斗柄由开阳、摇光、玉衡三星组成，斗身由天枢、天玑、天璇、天权四星组成。古人认为，北斗七星一年四季绕北极星转动（实际是地球自转产生），因而会出现寒暑交替的现象。

　　北斗七星的布局样式在故宫中轴线建筑中得到了体现。故宫中轴线上的几座宫殿屋顶为宝顶形式，这几座建筑分别为：午门阙亭（4个）、中和殿、交泰殿及钦安殿。这些宝顶的连线恰似北斗七星。其中，斗身由午门阙亭的宝顶组成，斗柄由中和殿、交泰殿、钦安殿的宝顶组成。中轴线建筑是故宫里最重要的建筑，而中轴线上的建筑采用"七星"的布局方式，寓意帝王具有上天赋予的神圣权力，掌握北斗七星的运行，并相应掌控天下。

　　故宫为明清帝王专用场所，中轴线

先秦典籍《鹖冠子》记载：斗柄指东，天下皆春；斗柄指南，天下皆夏；斗柄西指，天下皆秋；斗柄北指，天下皆冬。

上的北斗七星布局形式，除上述镇物因素外，还包括通过星象来强化其政治地位的内涵。春秋末期孔子所著《论语·为政》载有"为政以德，譬如北辰，居其所而众星共之"，意为皇帝开明的治国方式会受到百姓的爱戴，犹如北斗星一样，处于自己的方位，受到众星的拥簇。自战国时期以来的古代中国被称为"九州"，而《广雅·释天》载有"枢为雍州，旋为冀州，机为青、兖州，权为徐、扬州，衡为荆州，开阳为梁州，摇光为豫州"，即北斗七星代表帝王统治的整个国家。另东汉班固所著《白虎通义》卷五载有"王者德至天则斗极明，日月光，甘露降"，意为帝王统治开明时，会出现北斗星明亮、日月发光、天降甘露等瑞兆。《晋书》卷十一之"天文上"载有"斗为人君之象，号令人主也"，意为北斗星

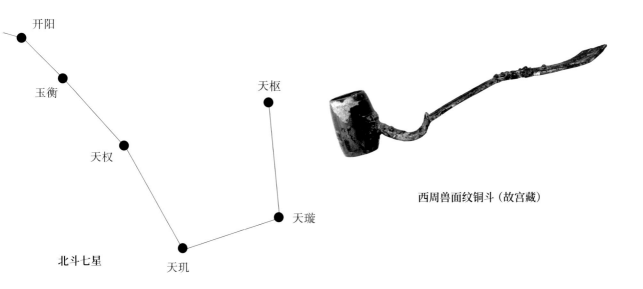

西周兽面纹铜斗（故宫藏）

北斗七星

天帝驾车巡天图中隐藏的北斗七星图案

诸葛拜北斗石

是帝王的象征。由上可知，北斗七星与古代帝王的统治密切相关，故宫中轴线北斗七星的布局方式也寓意帝王统治整个国家。此外，《汉书·律历志》载有"斗纲之端连贯营室"，意为斗柄端部连接营室星，在地面的投影为子午线，是宫殿城池营建中轴线的参考依据。这也说明故宫中轴线的规划和确定与北斗七星有着密切联系的。

不难发现，古人对宇宙运行的客观规律认识不足，因而主观希望通过把北斗七星当作镇物的方式达到消灾迎祥的效果，并产生了星宿崇拜的思想。对于紫禁城的帝王而言，下令紫禁城中轴线建筑采用北斗七星的镇物布局方式，是巩固其政治统治的一种主观愿望，缺乏科学性，但却是解读故宫建筑文化的一个重要方面。

紫禁城中轴线的"北斗七星"

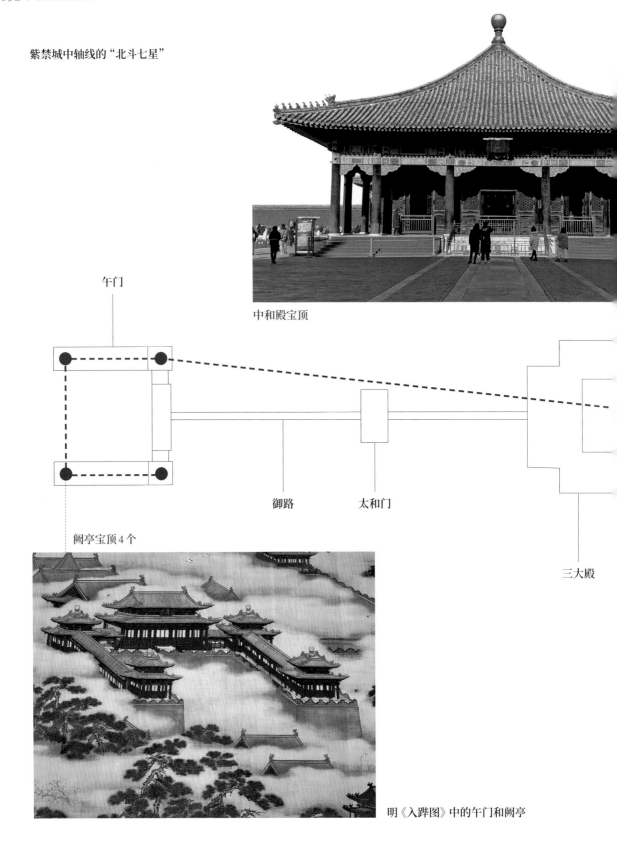

中和殿宝顶

午门

阙亭宝顶4个

御路

太和门

三大殿

明《入跸图》中的午门和阙亭

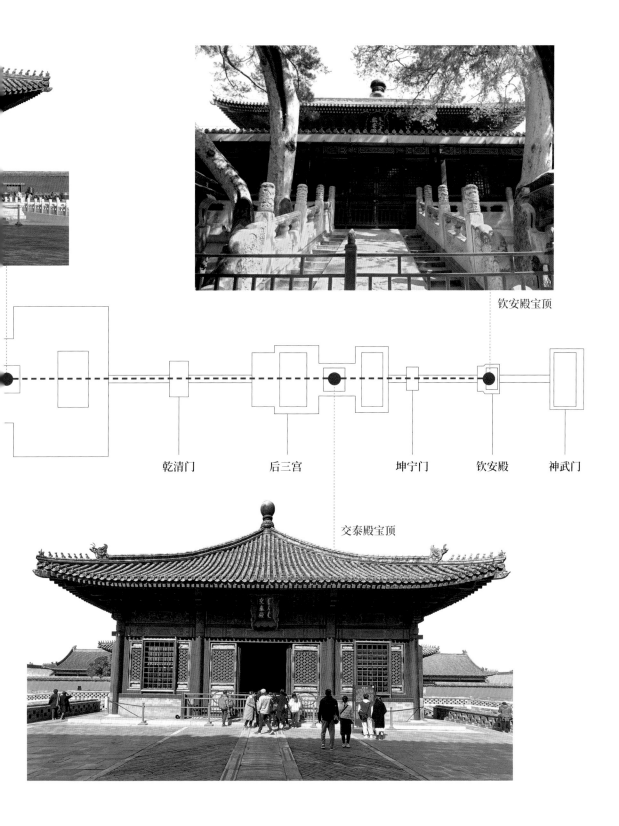

钦安殿宝顶

乾清门　　　　后三宫　　　　坤宁门　　　钦安殿　　　神武门

交泰殿宝顶

八 卦

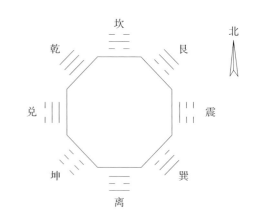

根据《周易·系辞下》记载，伏羲治理天下，抬头看天象，俯身看大地形状，于是创造了"八卦"，用来贯通神奇光明的德性，并归类天下万物的情态。故宫建筑群的布局在建筑功能、建筑设施、建筑色彩等多方面的规划特点与《周易》中的"八卦"方位有着诸多的关联之处。

"八卦"源于古人对自然万物的认识，后来成为古人用来占卜的符号，是由阳爻（—）和阴爻（－－）组成的八个符号，每个符号各含三个爻。《周易》用卦象来描述事物，如"乾为天""坤为地""震为雷""巽为风""坎为水""离为火""艮为山""兑为泽"等内容。不仅如此，《周易》还将不同的卦象对应不同的方位："震"表示东

南宋理学家朱熹对"八卦"进行了更为简洁的描述，有"八卦取象歌"，内容为"乾三连，坤六断；震仰盂，艮覆碗；离中虚，坎中满；兑上缺，巽下断"。

方，"巽"表示东南方，"离"表示南方，"乾"表示西北方，"坎"表示北方，"艮"表示东北方。

东方

《周易·说卦传》部分，载有"万物出乎震"，意即东方是万物生长的方位。据曹魏经学家王弼所撰《周易注疏》记载，"震"是象征东方的卦，而北斗斗柄指向东方的时候，是春天到来的时候，此时万物繁荣生长。故宫东部区域为皇子们学习生活的场所，文华殿曾为太子参与政事的活动场所，南三所为东宫太子的居所等。皇子处于人生的幼年阶段，犹如幼苗在春天茁壮成长，因而与《周易》的卦名"震"对应。不仅如此，故宫东部区域的建筑屋顶多以绿色为主，而绿色是春天常见的植物颜色，因而亦与东方卦象相符。

南三所院落

西方

《周易》中西方的卦象为"兑",意为有水的地方。故宫的建筑布局与之相对应,在西段城墙的内侧有内金水河。内金水河的河水从故宫的西北角引入,与《周易》中的卦位"乾"对应。其原因在于,"乾"是象征西北方位的卦,阴气与阳气在此交汇。另《周易·说卦传》还载有"兑,正秋也,万物之所说(悦)也",即认为西方是属于秋天的方位,寓意万物的成熟和圆满。故宫西部区域多为皇太后的养老场所,如寿康宫、慈宁宫等。她们的人生历程犹如到了秋天,将圆满收尾,这与"兑"的卦象相符。

南方

《周易·说卦传》部分,载有"离也者,明也;万物皆相见,南方之卦也",意即"离"为南方的卦名,万事万物在阳光照射下,呈现出完美的形貌。此处的"离"寓意太阳照射带来的光明。午门为故宫的南门,其城台饰以红色,门窗和立柱为红色,外檐彩画亦采用朱红地"宝珠吉祥草"样式,而红色与太阳的颜色相近,因而与"离"卦相符。《周易·说卦传》还载有"离为雉",这里的"雉"为一种,其伸开双翅的外形与午

门的平面形状(即凹字形)高度相似,可反映午门的平面形状与八卦中的"离"象相符。

北方

《周易》认为北方属于水,其卦名为"坎"。与之相对应,故宫北部区域的建筑布局与"水"密切相关。如位于御花园内的

钦安殿，里面供奉的是道教中的水神——玄天上帝。玄天上帝又名真武大帝，为"太阴化生，水位之精"，有着治水灭火的能力。钦安殿的南面有围墙，其大门名字为"天一门"，而"天一"源于"天一生水"。唐代文人孔颖达撰《尚书正义》卷十二载有"天一生水""地六成水"，意为天数为一，它生成了水；地数为六，它承载着天上来的水。由此可知，故宫北部建筑布局与"八卦"之"坎"相符。

真武大帝铜像

午门
午门朱红地与"离"卦相符，寓意南方，午门为紫禁城南门。

4

特别的单体建筑

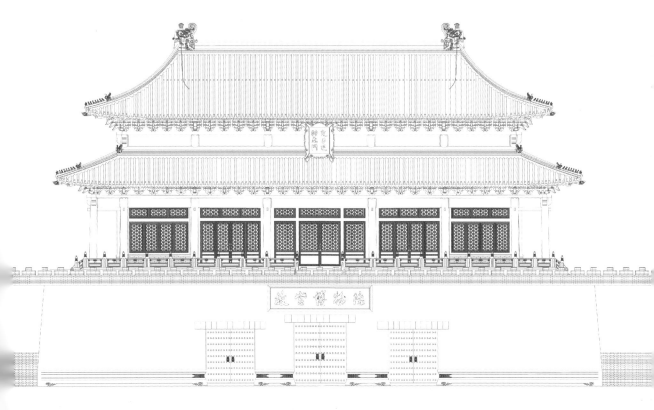

角 楼

　　角楼是故宫古建筑的典型代表之一。角楼位于故宫城墙的转角，共有四座，其初始功能主要是军事防御。

　　故宫建在元代皇宫的基础上，元代皇宫被拆除之前，其城墙的四角有三层屋檐、琉璃屋顶做法的角楼。故宫角楼于明永乐十八年（1420）建成，至今保存完好，其平面为45度方向近似对称的十字形，沿着城墙交点的里侧的两个方向适当延长，以增强建筑稳定性。故宫角楼建造在10米高的城墙上，城墙外为52米宽的护城河。远观角楼，视野开阔，造型优美，并与周围环境浑然一体。

结构

　　从营建角度看，故宫角楼实际是由一个三重檐的四角攒尖亭、四个重檐歇山屋顶类建筑、两个单檐歇山类建筑的屋顶巧

故宫角楼在城墙交点外侧方向立面

史料及考古资料表明，中国多个朝代的宫城城墙上均建有角楼。如先秦古籍《考工记·匠人营国》部分就规定了城墙角楼的高度为"七雉"（约16.7米）；东周时期军事家墨翟所著的《墨子》，其中《备城门》《备蛾傅》等部分都记载了在城墙的拐角处修建防护建筑。

角楼屋顶在城墙交点外侧方向

妙堆叠而成，具体做法为：以一个三重檐的四角攒尖亭为基准，在亭的第一、二层沿着城墙交点的里侧方向，分别接出两个重檐歇山屋顶类建筑的正立面造型，在城墙交点的外侧方向，分别接出两个重檐歇山屋顶类建筑的端部造型；再在亭的第三层搭扣十字交叉的两个单檐歇山屋顶，单檐歇山屋顶的翼角与攒尖亭的翼角重合。

角楼屋顶在城墙交点里侧方向

故宫角楼有"九梁、十八柱、七十二脊"吗？

民间传言故宫角楼的做法为"九梁、十八柱、七十二脊"，这种说法是不对的。角楼营建用梁种类繁多，包括角梁、井口趴梁、顺梁、抹角梁、太平梁等，其中仅翼角用梁就有56根；对于角楼营建用柱而言，其一层立柱就有20根，二层、三层还有不落地的童柱、瓜柱、雷公柱等；角楼的屋脊包括斜脊（即翼角）、正脊、垂脊、围脊、博脊等种类，前述屋顶包括：一个三重檐攒尖屋顶含脊12条；两个重檐歇山屋顶正身含脊28条；两个重檐歇山屋顶端部含脊22条；两个单檐歇山屋顶含脊14条（不包括与三重檐攒尖亭重合部分），累加计算，脊的总数为76条。因而民间说法与角楼营建所用的梁、柱、屋脊实际数量不符。

功能

角楼因地制宜，合理利用歇山建筑造型的不同部位。城墙交点的里侧方向，有驻守士兵巡逻的城台通道；城墙交点的外侧则是护城河。亭在中国古代建筑中，可以作为城市的标志物，如街亭、市亭、都亭等，还可以作为边防中观察敌情用的岗亭，《备城门》中就有每百步设四米高岗亭的记载。角楼的三重檐攒尖亭部分，在功能上完美地实现了上述效果。中国古代建筑一般比较低矮，而角楼建造在10米高的城墙之上，其视角已充分满足驻守的士兵观察敌情的需求，因而角楼内部并没有设楼梯，实现了建筑功能与造型的统一。

造型

从造型方面来看，歇山屋顶类古建筑是中国各种类型古建筑中造型最为优美的，翼角数量在各类古建筑中也是最多的。中国古代工匠在营建角楼的过程中，为突出角楼的造型效果，不仅在建筑四面使用了造型最为优美的重檐歇山屋顶，还保留了三重檐攒尖亭的翼角。作为亭式建筑重要特征的宝顶，亦在角楼中予以保留，为建筑整体的艺术效果锦上添花。

角楼的每层屋檐之下有整体有序的斗拱，其轮廓曲线整齐划一、弧度优美。斗拱之下的三交六椀菱花纹门窗，棂条上下扣槽，相互套接，各直棂与斜棂相交后组

故宫角楼到底有多少个角？

故宫角楼还有一个重要特征，就是翼角众多。基于角楼的对称做法，不难统计出建筑共有28个翼角，其中第一、二层屋檐各有12个翼角，第三层屋檐有4个翼角。这28个翼角中，属于三重檐攒尖亭的有12个，属于重檐歇山屋顶的有16个。这些翼角均匀地分布在四个方向，极具观赏性。

成无数的等边三角形，每组三角形内有六瓣菱花，这些菱花相交后又围成一个个圆形，形成虚实相映、繁花似锦般的几何造型。立柱巧妙地布置在建筑的各个转角，均与梁枋榫卯连接，形成东方古建筑特有的刚柔相济之美。而支撑立柱的台基稳固有力，形成城墙与角楼的完美过渡。

色彩

建筑色彩是造型的点缀，蓝天白云下，角楼金黄色的瓦顶显示出皇家的气派，屋檐下青绿色的斗拱阳光不易照射，恰有一种阴柔之美；朱红的立柱与门窗给人以阳刚之气，洁白色的台基给人以高雅之感，而灰色的城墙给人以冷峻威严之势，暗示强大的防守功能。角楼的建筑整体犹如画中的阁楼，集精湛的建筑技艺与优秀的结构构造于一体，与护城河中的倒影组成一幅完美的画卷，使人造景观与自然环境完美融合。

从传统文化角度来看，角楼的布局采用四面四角的方式，与中国儒家文化中提倡的"四正四隅""藏风聚气"理念相符合。此外，角楼在各个方向既有凸起的翼角，还有凹进的窝角，凸凹相间，是中国古代"阴阳合一"哲学思想的体现。

角楼在城墙交点里侧方向

文渊阁

故宫文华殿区域的北侧，有一座二层阁楼，名为文渊阁。文渊阁为乾隆帝下旨所建，用于贮藏《四库全书》。乾隆四十一年（1776），文渊阁建成。

建筑坐北朝南，总长约33米，总宽约14.7米，前后出廊，单檐歇山屋顶。乾隆帝对文渊阁防火极其重视，下令模仿从未遭受火患的浙江宁波范氏天一阁来打造文渊阁的建筑样式。乾隆帝还认为，水能够灭火，因而凡是与水相关的衍生物，均能够防止火患发生。建成后的文渊阁，除了名字本身含带水的"渊"字外，还包含了极其丰富的防火内容。

据清代官员英廉等编撰《钦定日下旧闻考》卷十二记载："乾隆三十九年，命于文华殿后规度方位所宜，创建文渊阁，用贮四库书籍凡三万六千册。"

文渊阁全景图

数字克火

乾隆御制诗之《趣亭》写道"书楼四库法天一"，意即乾隆下令建造的文渊阁、文津阁、文源阁、文溯阁，均为模仿宁波天

"天一生水，地六成之"源于先秦儒家经典《周易》。该书从阴阳角度把数字分为地数和天数两种，其中一、三、五、七、九为天数，寓意阳；二、四、六、八为地数，寓意阴。

一阁所建。为此，乾隆在诗中注解：天一阁的取名源于"天一生水，地六成之"，此为厌胜术（即古人用特定物件辟邪之术），有利于藏书。天数"一"、地数"六"之所以能够"克火"，东汉儒家学者郑玄在《周易·郑注》解释为："天一生水于北""地六成水于北"，即"一""六"均位于北方，与五行之中的"水"所处方位对应。对于文渊阁而言，其外立面的开间数为六间。一层布局为六开间，各房间由书橱相隔，象征"地"；二层平面布局虽为六开间，但为贯

文渊阁正立面

通的"一字形"大开间，寓意"天"。需要说明的是，"开间"是指沿着古建筑长度方向上的两根立柱之间的空间。乾隆帝认为，文渊阁的建筑布局包括数字"一""六"，寓意"含水"，因而可以防火。

中国古代宫殿建筑一般以正中的开间作为皇帝宝座的位置，以突出皇帝的核心地位。故宫古建筑的开间数量一般都是阳数（单数），匾额所在的开间也处于正中位置，匾额两侧的建筑开间数量及尺寸完全相同。作为故宫古建筑的特例，文渊阁的开间数量为阴数，匾额两侧的建筑开间数量无法相等。为满足"皇权至上"的建筑需求，聪明的古代工匠采用了"五奇六偶"的布局方式，即文渊阁匾额所处开间仍位于建筑正中，匾额两侧的建筑开间数量不相等，东侧为两间，西侧为三间，但紧靠西墙的开间尺寸很小，为上下二层的楼梯通道。这样一来，匾额两侧的建筑开间总尺寸仍然保持相等，皇帝的宝座仍位于建筑的正中间。

黑色克火

乾隆帝下令文渊阁采用黑色的瓦顶，以用于"克火"。古人认为物体表面被刷成黑色时，可以防止火灾发生。古人把对宇宙的认识通过"金""木""水""火""土"五种元素来反映，五行之间存在相克（胜）关系，即二者之间有此长彼消的避讳。"水克火"即为五行相克的表现形式之一。由于在五行中，水对应黑色，因而文渊阁瓦顶颜色定为黑色，以达到"克火"的目的。

文渊阁皇帝读书处

紫禁城房屋有九千九百九十九间半吗？

由于文渊阁特殊的建筑布局，使得民间存在"紫禁城房屋有九千九百九十九间半"的传言，传言"半间房"就在文渊阁内。这种说法是错误的。从建筑历史角度而言，紫禁城建于明代，而现存文渊阁为清乾隆时期所建；从建筑构造角度而言，古建筑的"半间房"无法立于地基之上，古建筑专业也不存在"半间房"一说。

水草厌火

乾隆下令在文渊阁的顶棚天花部位装饰金莲水草的彩画图案，以达到"厌火"效果。水草即水生植物，是古人认为可以镇火的厌胜物。古人认为只要将水生植物的纹饰绘制在建筑内部，就能产生灭火的功能。据《宋书》卷十八记载，做成圆形水池形状的室内天花板，表面绘制有水生植物的图案，都是为了防火。北周文人庾信在《庾子山集注》卷四中，解读了在建筑大梁上绘制芰（水草）与莲的根本原因也是为了防火。因此荷、菱、藕等水生植物，均为古建筑采用的厌火纹饰。

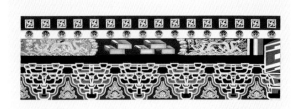

文渊阁前檐明间楼下飞头老檐斗拱挑檐桁及挑檐枋（"游龙负书"图）

文渊阁前廊金莲水草天花

文渊阁彩画画样局部

钟粹宫正殿正吻

异兽避火

　　乾隆帝认为，异兽非凡的能力可以用于避火。所谓"异兽"，即现实生活中并不存在的、古人想象出的神兽。文渊阁建筑外檐的彩画内容包含"游龙负书"及"海马负书"。其中，"游龙""海马"均属于异兽。"游龙负书"绘制的是一条在祥云之上蜿蜒前行的游龙，龙身驮有卷帙。龙在中国古代神话中还专管司水布雨，因而可以灭火。据《子夏易传》卷一记载，上古神话中，太阳女神羲和驾驭着六条龙飞行于天上，行云布雨，带来天下太平。故宫里几乎每座

古建筑正脊（屋顶前后坡的交线）两端均有龙头吻造型的装饰物，称为"正吻"，其主要寓意就是防火。

　　"海马负书"绘制的是一匹在汹涌波涛的大海中奔腾的马，马背上驮有书匣。先秦的《山海经·海外北经》有："北海内有兽，其状如马，名曰駃騠。""駃騠"是传说中善走的神马，因产于"北海"，故称之为"海马"。清代学者彭元瑞撰《五代史记注》之卷六十二载有"海马骨，水火俱不能毁"，可说明海马不仅能在水中疾行，而且不惧水火，因而海马驮书，有利于避火。

灵沼轩

　　故宫里有这么一座建筑，无论在建筑材料、建筑造型，还是建筑工艺方面，都有着浓厚的西方特色，是中西方建筑艺术合璧的体现，它就是灵沼轩。

灵沼轩正立面

灵沼轩又名"水晶宫"或"水殿"，位于故宫东六宫，是一座钢与石质墙体混合承重的近代建筑。灵沼轩的前身是延禧宫。延禧宫始建于明代，为木结构建筑，数次遭受火灾。1909年，清政府决定在延禧宫内兴建一座不怕火的建筑——灵沼轩，其最初设想为：地下一层及四周建有条石垒砌的水池，引金水河水环绕；地上有两层，底层四面当中各开一门，四周环以围廊，主楼每层9间，四角各附加一小间，合计39间，殿中有4根盘龙铁柱；顶层面积缩减，为5座铁亭；四面出廊，四角与铁亭相连。重建后的延禧宫将是一座水晶琉璃的世界建筑，帝后闲暇之时，可徜徉其中，观鱼赏景。

灵沼轩出自德国设计师之手，因而具有一定的欧洲风格。石质立柱的基座部分和多立克柱式（希腊古典柱式，其线条和造型比例以男性雄壮的身体为原型）非常接近，柱头造型则与爱奥尼柱（希腊古典柱式，柱身有24条凹槽，柱头有一对向下的涡卷装饰）相似；门窗洞顶均为圆拱状，类似罗马式教堂的窗户、门、拱廊，使得圆拱形的天空一方面与大地紧密地结合为一体，同时又以向上隆起的形式表现出它与现实大地的分离。

"水晶宫"虽然设计巧妙，但是由于清政府国库空虚，工程从1909年开始，至1911年冬尚未完工。随之而来的辛亥革命迫使末代皇帝溥仪退位，该工程亦随之停工至今。2019年3月2日，新加坡黄廷方慈善基金捐资故宫博物院，延禧宫建筑的研究性保护和修缮工作得以启动。

圆拱顶及两侧立柱

建造技术方面，灵沼轩采取了当时德国最先进的工艺。铸铁柱与工字钢横梁采取螺栓连接，这与中国传统木构古建的榫卯连接方式有着明显的区别。中心亭的屋顶铁皮基层上焊接了大量鳞片状锌片，以及飞鸟造型的镀锌材料。19世纪电解炼锌技术发明以后，锌板便被广泛应用于西方雕塑和建筑物的顶部装饰上，并被应用到了紫禁城里。墙体内壁贴有德国进口的瓷

铸铁柱与工字钢的螺栓连接

中心亭屋顶造型

砖，瓷砖应用于墙体装饰也始于19世纪的德国，这与故宫古建筑室内墙体通常采用的抹灰或裱糊做法有着明显的区别。

灵沼轩的窗户上还安装有厚达3.5厘米的玻璃。玻璃对于欧洲人来说，就如同陶瓷在中国人心中一样，是难以割舍的一部分。11世纪，德国发明了玻璃吹制法，就是把玻璃液吹成圆筒形，在玻璃仍热时切开、摊平，形成最初的平板玻璃。从那以后，玻璃开始被用在建筑物的窗户上，最典型的就是中世纪教堂里的彩色玻璃。故宫大量建筑门窗仍然采用纱、油纸作为采光、挡风材料，玻璃窗户在当时是一种新时尚。灵沼轩的玻璃制作工艺来自当时技术非常发达的德国。尽管灵沼轩建造于紫禁城中，但是它的造型具有丰富的西方文化特色，建筑技术也体现了世界上最先进的水准。

墙壁内侧的瓷砖

当然，作为中国清代宫廷建筑，灵沼轩也蕴含着典型的东方文化特色。从纹饰图案看，灵沼轩正中的四根立柱上各雕刻有一条蟠龙，墙面上有二龙戏珠的纹饰。灵沼轩汉白玉墙体上刻有象征高贵典雅、繁荣昌盛的牡丹纹，象征常青不老、冰清玉洁、虚怀若谷、四季平安的岁寒三友纹，象征人逢喜事、神情洋溢的喜上眉梢纹饰等，这些都是中国传统纹饰图案的经典内容。从造型特点看，灵沼轩一层底板挑出的部分采取了类似中国古建筑的屋檐做法，即建筑出挑部分从上至下由盘头、枭砖、炉口、混砖四部分组成，形成了优美的轮廓。砖檐的拐角处，还有中国古建筑石作中常见的喷水兽造型，其挑头沟嘴做成了龙头样式，用于排水。喷水兽下部，则是中国古建筑传统的须弥座台基做法。须弥座做法在故宫古建筑台基中常见，在构造上一般由土衬、圭角、下枋、下枭、束腰、上枭、上枋等部分组成，其剖面呈凸凹曲线形。

灵沼轩蟠龙铁柱

岁寒三友之松、竹纹饰

喜上眉梢纹饰

砖檐、喷水兽及须弥座做法

灵沼轩墙体普遍采用的汉白玉石材，色调浑白，质地均匀、柔和而易琢，很少出现裂纹，具有很好的装饰效果。灵沼轩使用的汉白玉来自北京房山大石窝村。

江山社稷金殿

　　紫禁城乾清宫前的东西两侧，各有一座铜制的亭式建筑，东侧的宫殿称为"江山殿"，西侧的宫殿称为"社稷殿"，合称为"江山社稷金殿"，矗立在二层石台之上。两座建筑的造型和尺寸完全相同，是紫禁城里体量最小的宫殿建筑。江山社稷金殿是古代帝王用于祈求长久"执掌天下"的祭祀性建筑。

　　作为紫禁城内袖珍版的宫殿，金殿边长仅约1米、总高仅约1.4米，但建筑整体造型精巧细致。支撑金殿的两层石台由下往上依次收进，其中，下层石台边长约4米，高1.95米，坐落在0.3米高的基座上，为单层小屋，应为存放祭祀用品之用；上层石台立于下层石台屋顶之上，边长约1米，高约1.2米，外观由六层凸凹相间的条石堆叠而成。两层石台外立面均满刻精美纹饰，与富丽堂皇的宫殿氛围相呼应。

　　金殿体量虽然很小，但是呈现的构造极其完整：标准的单开间、单进深的柱网布局形式，柱顶石、立柱、额枋、隔扇、斗拱、屋顶等宫殿建筑的外观构造应有尽有。金殿不仅尺寸比例合理，而且造型优

乾清宫东侧的江山殿

据清代官书《钦定日下旧闻考》记载，乾清宫
丹陛石台阶的东西两侧各有一个刻有纹饰的
石台，石台上安装有铜亭，东边的名为"江
山殿"，西边的名为"社稷殿"。另据《大清
世祖章皇帝实录》记载，顺治十三年（1656）
五月，顺治帝下令安设江山、社稷神位
于乾清宫前，并派遣官员祭祀。

乾清宫西侧的社稷殿

位于上层石台上的金殿

美：四面均安设隔扇，隔扇芯为三交六椀菱花纹做法，这种纹饰不仅华丽，而且属于紫禁城里隔扇纹饰的最高等级做法。一层屋顶为四面出檐，四个屋角均安设有仙人走兽造型，屋顶的脊部巧妙内收，形成周圈圆形造型，并形成二层圆形的瓦顶，凸起的顶座与顶珠含蓄地表达了"天人合一"的建筑意境。屋顶曲线光滑柔美，极具视觉欣赏效果。一层、二层屋檐下的单翘单昂三踩斗拱，曲线整齐划一。这座微缩宫殿的不同部位还雕刻有精美的纹饰图案，如柱顶石部位的伏莲纹、隔扇绦环板上的宝相花纹、隔扇裙板上的升龙纹、额枋上的双龙旋子彩画纹饰等。这些纹饰雕刻难度极大、工艺复杂，体现出古代工匠精湛的铜铸技术和卓越的建筑技艺。

皇史宬

位于北京故宫东华门以南约500米处，今南池子大街136号的皇史宬，是中国现存最大、最完整的古代皇家"石室"，内存金匮150余个，金匮内曾珍藏明清皇家档案。

皇史宬南立面

皇史宬建筑总长约49.4米，宽约23.6米，总高约19.2米，从基础到屋顶全部由砖石打造，没有用一木一钉。除了防潮、防盗、防虫之外，纯砖石打造的皇史宬最突出的功能就是防火。

皇史宬内金匮照片

"金匮石室"是中国古人珍藏档案的重要方式，是指把重要档案放入金匮中，再把金匮放置在石室内。其中，"金匮"是指金质的盒子，"石室"是指砖石砌筑的房屋。据《汉书》卷一之"高帝纪第一下"记载，刘邦建立汉王朝后，与有功之臣订立誓约，并用朱笔写在铁券（大臣享受优遇或免罪的凭证）上，将铁券存放在金匮内，又将金匮藏于用砖石建成的宗庙内，以示郑重并保证铁券安全。这说明中国至少在汉代就已有"金匮石室"了。

建造历程

据《大明孝宗敬皇帝实录》卷六十三记载，弘治五年（1492）五月，大学士丘濬向弘治帝进呈，认为自古以来国家重要的档案都放在金匮石室里，相对于土木材料而言，金石坚固无比，可防潮防火，长久保存档案。因此他向弘治帝建议，为稳妥保存国家重要文献档案，应该在紫禁城内建造一座砖石建筑。同时，他还建议该建筑的选址地点在文渊阁附近。这个建议得到

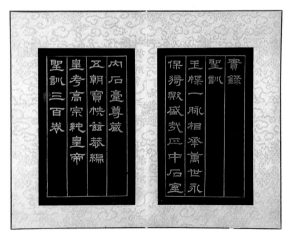

青玉制《御制重修皇史宬记册》

了弘治帝的认可，但是因为种种原因而未能实施。

明嘉靖年间，皇史宬的建造被提上了议程。紫禁城频频发生火灾，引起了嘉靖帝的高度重视。据明代官员余继登所撰《典故纪闻》卷十七记载，嘉靖十年大内东偏火灾造成14座建筑被毁，嘉靖帝随后告诫大学士张璁：宫中建筑密集，要做好防火预案；南京宫殿的宫门都采用砖砌，没使用木料，这可作为建筑防火的参考方法。

考虑到皇宫内建筑太密集，嘉靖帝打算在皇宫外面建造一座砖石材料的建筑，用于存放皇家档案。据《大明世宗肃皇帝宝训》卷之三记载，嘉靖十三年七月丁丑（1534年8月21日），嘉靖帝下令在"南内"（即皇宫外的东南角）建造神御阁，用于保存祖宗神御像、宝训、实录等重要的档案资料。他要求神御阁与南郊的斋宫（今

根据清代官员张廷玉等人所撰《明史》卷二十九记载，从弘治到嘉靖年间，火灾屡屡发生：弘治十一年十月甲戌（1498年10月26日）夜晚，清宁宫发生火灾；正德九年正月庚辰（1514年2月10日），乾清宫发生火灾；正德十二年正月甲辰（1517年2月18日），清宁宫小房发生火灾；嘉靖元年正月己未（1522年2月7日），清宁宫后三小宫发生火灾；嘉靖四年三月壬午（1525年4月15日）夜晚，仁寿宫发生火灾，玉德、安喜、景福等宫殿被焚毁；嘉靖八年十月癸未（1529年11月21日），大内（紫禁城在当时被称为"大内"，明万历年间才正式出现"紫禁城"的说法）所房发生火灾；嘉靖十年正月辛亥（1531年2月12日），大内东偏（今故宫南三所一带）发生火灾；嘉靖十年四月庚辰（1531年5月12日），兵工二部公廨发生火灾，且烧掉了大量文籍。

石质门钉与兽面

石质匾额及斗拱

天坛斋宫）一样，采用砖石砌筑。在布局上，神御阁拟分为上下两层，上层存皇帝画像，下层存实录。据《大明世宗肃皇帝实录》卷之一百六十五、一百八十九记载，神御阁于嘉靖十三年七月十七日（1534年8月26日）开工营建，嘉靖十五年七月戊寅（1536年8月11日）完工。建成后的神御阁实际上是单层砖石建筑，用于存放实录档案，而皇帝画像被安排另存于景神殿内。后来神御阁被嘉靖帝更名为"皇史宬"。《大明世宗肃皇帝实录》卷之一百八十九载有"宬，即神御阁也"。另据明末清初政治家孙承泽所撰《春明梦余录》卷十三记载，"宬"是嘉靖帝亲笔所写。关于"宬"的含义，东汉文字学家许慎所撰《说文解字》卷七上载有："宬，屋所容受也。""皇史宬"意为存放皇家档案的场所，是一座防火的砖石建筑。从那以后至今的四百八十五年

里，除了嘉庆十二年（1807）的一次大修外，皇史宬建筑基本无恙。

建筑科学

皇史宬数百年能保存完好，与其科学建造方法密切相关：高大的台基、通风的窗户、密闭的金匮有利于防潮，厚重的墙壁有利于防震等。然而，合理有效的防火措施是其科学营建的最主要体现。

从建筑材料来看，皇史宬的整座建筑全部采用了防火材料。其中，建筑的底部为石质的须弥形式基座，基座之上为砖砌的墙体。建筑南墙上开设了五座券洞，每座券洞的大门（包括门钉和兽面）均由石材制作；建筑的东墙和西墙正中各开设了一扇窗户，窗户的窗框与菱花纹亦是由石

皇史宬内部照片资料（从东往西看）

材雕刻而成，墙体以上外露的柱顶，以及柱顶之上的檩枋、斗拱、望板、椽子、匾额等构件，也都用石雕，但外表饰以彩画，使得其外观与木制材料的宫殿建筑无异。建筑的屋顶覆盖的是琉璃质的瓦件和吻兽。此外，殿内地面之上有石台，石台之上为金匮。整座建筑使用的砖、石、瓦均

龙纹金匮

为不可燃材料，因而不会遭受火灾。至于金匮的材质，乾隆朝《钦定大清会典一》卷七十五载有"楠木质，裹以铜涂金琢云龙文（纹）"，说明金匮有铜镀金的外皮，内芯为楠木。铜金混合物材料的熔点接近上千度，因而金匮是保护皇家档案免受火患的第二道防线。

皇史宬定址于皇宫外面，周边建筑较少，若建筑失火不会被波及。建筑外观虽然为面宽九间、进深五间的柱网式形制，但立柱均为石材雕刻而成，使得建筑内部其实为一个实用的大通间，有利于容纳数量较多的金匮。建筑的结构形式属于砖石承重体系，即由砖石墙体支撑屋顶。相对

皇史宬北墙及开设窗户的西墙

重新开放的皇史宬

而言，明清宫殿通常采用梁柱承重，即通过木梁、木柱来发挥核心受力作用。皇史宬的结构形式避免了木制构件的使用，因而也就避免了火灾隐患。皇史宬内部为拱形，顶棚诸多的砖块通过侧向挤压作用，形成稳固的整体，既起到了优雅的装饰效果，又增大了内部空间。由于皇史宬内部没有采用一梁一柱，因而有人称之为"无梁殿"。

皇史宬的门、窗、墙体等构件的做法巧妙而科学。门仅仅在南立面开设，共有五扇，且均为实榻门做法。这种门在古建筑所有种类的门中，不仅最宽大、最厚重，而且闭合后具有很好的封闭性，可以有效阻断外部火源蔓延入内。窗户设在东西向，共两扇。北京属于暖温带季风气候，夏天多刮南风，冬天则多刮北风。窗户的东西向设计，不仅保证了适当的透气及采光，还有利于建筑内部密封，周边建筑一旦失火，火势很难顺着风向蔓延至建筑内部。另窗户底部距离地面3米，窗户下面为砖墙。这种高窗设计方式，可产生与"防火墙"异曲同工的效果，有利于避免外部火焰的窜入。而且墙体厚实，东西墙厚约3.7米，南北墙厚达6米左右，建筑材料越厚，热阻值越大，隔热能力越强。如此厚的墙体不仅可有效隔离火源，而且即使殿外温度剧烈变化，殿内的温度也不会受到明显影响。此外，墙体内壁涂有灰泥，这也对防火有利。

皇史宬的前世今生

据《大明世宗肃皇帝实录》卷之一百九十记载，嘉靖十五年八月辛丑（1536年9月3日），"以尊藏重书列圣训录于皇史宬，祭告奉先殿、崇先殿"，说明嘉靖帝在皇史宬完工后，下令将圣训、实录收藏于内。清代官员于敏中等人所撰《钦定日下旧闻考》卷四十载有"永乐大典成于永乐五年，云副本贮皇史宬"，说明皇史宬曾珍藏《永乐大典》副本。该书卷四十还载有"皇史宬仍明旧制，在南城南，尊藏本朝实录、玉牒……旧存明实录移贮内阁书籍库……"，可反映在清朝时，明朝的实录被移至内阁书库，皇史宬改存放清代的实录、玉牒（皇族族谱）等皇家档案。清代官员张廷玉等人所撰《清朝文献通考》卷八十之"内阁"载有"转下六科，钞发各部院施行，以副本录旨，送皇史宬存贮"，说明皇史宬还

曾存贮题本的副本。根据《清史稿》及光绪朝《钦定大清会典》记载，皇史宬在清代还贮藏过本纪、方略及重要官员的印信。光绪二十六年（1900）七月，八国联军攻陷北京城，日军占领皇史宬，对其中的档案进行了严重的破坏。据《庚子事变清宫档案汇编》第六册记载，日军造成皇史宬丢失满汉蒙文《实录》《圣训》五十一函，计二百三十五卷，另有一千三百余卷档案被污损。

1949年以后，国家对皇史宬进行了保护、修缮，并将皇史宬作为研究明清皇家历史、档案的文物部门，向公众开放。"文化大革命"期间，明清档案业务暂停，皇史宬处于无人管理的状态，院内杂草丛生、瓦砾成堆。"四人帮"被粉碎后，皇史宬的保护工作很快恢复。1982年，皇史宬被国务院公布为全国重点文物保护单位。皇史宬分为南院和北院，由于历史原因，南院成了大杂院，私搭乱建问题严重，也一度中断了对外开放。在北京市人民政府关于组织开展"疏解整治促提升"专项行动中，院内违建被逐步拆除，文物保护与管理部门也于2020年11月启动了皇史宬修缮工程。2021年9月1日起，皇史宬恢复了对公众开放。

文景

社 科 新 知　文 艺 新 潮

Horizon

故宫建筑细探

周乾　著

出 品 人：姚映然
特约编辑：陈碧村
责任编辑：王　萌
营销编辑：高晓倩
装帧设计：陈小娟

出　　　品：北京世纪文景文化传播有限责任公司
　　　　　　(北京朝阳区东土城路8号林达大厦A座4A　100013)
出版发行：上海人民出版社
印　　　刷：天津图文方嘉印刷有限公司

开 本：787mm×1092mm　1/16
印 张：12.75　字 数：158,000
2023年1月第1版　2023年1月第1次印刷
定 价：138.00元
ISBN：978-7-208-17915-8 / TU·29

图书在版编目（CIP）数据

故宫建筑细探 / 周乾著. -- 上海：上海人民出版
社, 2022
　ISBN 978-7-208-17915-8

　Ⅰ.①故... Ⅱ.①周... Ⅲ.①故宫－建筑艺术－研究
Ⅳ.①TU-092.2

中国版本图书馆CIP数据核字(2022)第165322号

本书如有印装错误，请致电本社更换　010-52187586